페렐만의 살아있는 수학

Jivaya Matematika
Writer - Perelman Y. I.; compiling and comments - Danilov Y. A.
Copyright ⓒ by Astrel Publishers International

Korean Translation Copyright ⓒ 2006 by Sunest Publishing co.
Korean Edition is published by arrangement with Astrel Publishers International
All Rights reserved

이 책의 한국어판 저작권은 아스트렐 퍼블리서스 인터네셔날과의 독점 계약으로 써네스트가 소유합니다.
신저작권법에 의해 한국 내에서 보호받는 저작물이므로 무단 전재와 복제를 금합니다.

페렐만의 살아있는 수학

이야기와 함께 떠나는 재미있는 수학여행

◉ 야콥 페렐만 지음 ◉ 임 나탈리아 옮김

써네스트

추 천 사

창의력은 어디에서 오는가?

현대를 살아가는 사람은 옛날과는 달리 여러 가지 문제를 마주하게 된다. 이러한 문제에는 한 번도 생각해 보지 않은 문제들도 있다. 특히 과학이 우리 생활에 파고 들어오면서 사물의 이치를 이해해야 하는 경우는 더욱 더 늘고 있으며, 단순한 몇 가지 공식만으로는 충분하지 않을 때가 많다.

새로운 문제를 해결해야 할 때마다 참신한 생각이 아쉽다고 느낀다. 이런 것을 보통 창의력이 필요하다고 한다. 창의력은 어디에서 오는가? 이것은 타고 나는 것은 아니다. 많은 경험을 통하여 문제의 핵심을 파악하는 능력이 창의력을 길러준다. 여기서 경험은 단순히 일정한 유형의 문제를 많이 풀어보는 것과는 거리가 멀다. 오히려 제대로 된 문제라고 할 수도 없는 문제나, 문제를 풀더라도 틀에 박힌 풀이가 아닌 문제가 미처 이야기하지 않는 부분까지도 묻고 대답하는 것이 중요함은 아는 사람은 다 아는 것이다.

최근에 어떤 제자를 통해 러시아의 교육자인 야콥 페렐만의 저서의 번역작업에 대하여 알게 되었다. 관심을 끄는 일이어서 그 내용을 살펴보았고, 그 내용이 20세기 초에 쓴 것이라고는 믿을 수 없을 만큼 자상하고도 사려 깊게 쓴 책이라는 것을 알게 되었다. 특히 그 내용이 초보적인 것이면서도, 단순히 수학적 내용을 나열하였다기 보다는, 일상생활에서 소재를 찾고 이를 통하여 자연스럽게 문제를 제기한 것이어서 위에 이야기한 경험과 일맥상통한다고도 하겠다. 따라서 처음 수학을 접하거나 수학에 재미를 잃은 학생들에게 좋은 읽을거리라고 생각된다.

러시아의 책들은 전문적인 내용도 일반인이 읽을 수 있도록 배려해서 쓴 책이 많다. 그런 환경에서 20세기에 많은 훌륭한 수학 및 과학책들이 출판되었으며, 이러한 책들은 지금도 우리에게 많은 도움이 될 수 있다. 써네스트에서 이러한 책을 소개하는 데에 고마운 마음을 느끼며 이런 작업이 계속되기를 바란다.

| 2006년 6월 고려대학교 이과대학 수학과 교수 김영욱 |

러시아판 편집자 서문

교양 과학의 전통을 만든 야콥 페렐만

여러분들께 과학 대중화의 새 지평을 연 야콥 페렐만의 《살아있는 수학》을 소개하게 되어 기쁘다. 이 책은 그가 쓴 일련의 '교양 과학' 책들의 시작을 알리는 책이다.

나는 우리가 지금 내는 교양 과학 시리즈 물이 초·중·고교의 도서관은 물론이고 대학의 도서관과 교양 과학을 좋아하는 독자의 서고에 확고하게 자신의 자리를 차지하게 될 것이라고 믿어 의심치 않는다. 그리고 그렇게 진열되어 있는 책들은 교양 과학을 좋아하는 독자들에게 놀라운 과학의 세계를 선사할 것이라 믿는다. 이 책들 속에는 과학계에서 훌륭하다고 생각하는 것, 그리고 이미 잘 알려진 것들은 물론이고 절대로 잊어서는 안될 중요한 것들에 대해서 씌어져 있으며, 우리와는 역사적으로 지리적으로 서로 다른 시기와 장소에서 살았던 작가들의 잘 알려지지 않은 이야기들도 실려 있다. 이 책을 편집하는 동안 우리는 교양 과학의 풍부함과 다양함을 모두 구현하려고 노력했고, 야콥 페렐만의 '교양 과학' 시리즈 물을 통해 교양 과학계의 전통을 보여주려고 했다. 우리가 흔히 알고 있듯이 교양 과학이라는 것은 100년 전에 새롭게 생긴 것이 아니다. 그것은 이전부터 있어 왔고, 그 전통을 정리한 것이 야콥 페렐만이 쓴 일련의 교양 과학책들이다.

오랜 기간 동안 교양 과학은 '두뇌 운동'의 취미를 가진 사람들이나 재미와 흥미를 가지고 읽을 수 있는, 그래서 때로는 아무런 의미가 없는 것으로 여겨지기도 하였다. 하지만 이러한 의미의 '교양'은 이미 오래 전에 사라졌다. 이러한 해석은 교양 과학의 원리와 특수성에 대해서 그리고 현대 과학과 교육 문화 시스템에서 교양 과학이 차지하는 역할과 위치를 곡해하는 것이다. 현대적인 의미에서의 교양 과학에 대한 해석은 야콥 페렐만으로부터 시작한다. 즉 '놀이를 가지고 시작해서 관심과 흥미를 만들어 내는 과학'을 의미한다.

오늘날 교양 과학과 일반 과학의 경계선은 모호하다. 현대 과학의 진지하고 복잡한 외피를 던진다면 그것은 재미있는 교양 과학이 될 수 있기 때문이다. 아마도 그렇기 때문에 오만한 학자들은 판타지 작가들의 상상력 앞에 가끔씩 무기력해지는 것은 아닐까! 일반 과학이 교양 과학과 틀린 점은 오직 하나, 놀이적인 요소를 배재한 채 아주 진지하게 결과만을 중요하게 여긴다는 것이다. 그것 외에는 일반 과학과 교양 과학의 차이점은 없다고 해도 과언이 아니다.

수세기 또는 천 년 이상 교양 과학은 일반 과학으로부터 분리된 상태에서 이해되었다. 하지만 페렐만의 정의에 의한 교양 과학은 일반 과학과 연구 대상을 공통으로 가진 적이 많았다. 때때로 교양 과학은 일반 과학에 새로운 이상과 새로운 문제를 제안하기도 했다. 예를 들어, 놀라운 방식으로 모든 평면을 하나의 공간도 없이 가득 채우는 로저 펜로즈 Roger Penrose 영국의 물리학자, 일반상대성 이론의 대가 - 옮긴이 옥스퍼드 대학 교수의 '비반복적 타일'이라든가 존 호튼 콘웨이 John Horton Conway 영국의 수학자, 라이프 게임의 창시자 - 옮긴이 의 '라이프 게임'은 모두 오래 전에 교양 과학자들에 의해서 출간된 것이었다.

그 반대의 경우도 있다. 현대 과학의 발전은 교양 과학 분야를 보다 폭넓게 만들었다. 20세기의 가장 중요한 수학적 성과로 받아들여지는 쿠르트 괴델 Kurt Goedel (1906-1978) 오스트리아의 수학자, 논리학자 - 옮긴이 의 '불완전성 정리'는 현대의 가장 유명한 교양 과학 연구자가 쓴 교양 과학책 속에서 변형된 형태로 독자들에게 소개되기도 한다.

이렇듯 교양 과학은 자주 지식이라는 겉치장으로 자신을 감싸고 있는 일반 과학과 투쟁을 하면서 우리의 일상 생활에서 아주 중요한 역할을 수행한다. 교양 과학은 모든 과학을 대중화해야 한다고 생각하지 않는다. 하지만 교양 과학은 일반 과학에서 때때로 너무 어렵게 설명되어지고 어려워서 아무도 접근하지 못하는 내용까지 대중이 관심을 기울이도록 만들어서 원하든 원하지 않든 학교 교육의 공백을 메우어 준다. 러시아의 유명한 물리학자들 대부분은 학교 교육의 틀 안에서 배운 것보다도 야콥 페렐만의 '교양 물리'가 자신의 학문적인 발전에 더 많은 영향을 주었다고 회고한다.

교양 과학의 또 한 가지 중요한 특징은 계속해서 생각을 하게 만든다는 것이다. 어려운 문제들, 과학적인 퍼즐들은 작가와 독자를 하나로 만들어 관심을 불러일으키고 스스로 해결할 수 있는 능력을 키워준다.

어떤 방법으로 교양 과학은 자신의 목적을 달성해낼까? 비록 교양 과학의 전문가가 자기만의 방법을 이야기한다고 하더라도 너무나 방대하기 때문에 그것을 완벽하게 나열하는 것은 불가능하다. 우리는 야콥 페렐만이 〈교양 과학이란 무엇인가〉라는 논문에서 자신의 교양 과학 시리즈 물

(물리, 수학, 역학 그리고 천문학)이 어떤 목적을 가지고 어떻게 씌어졌는지 이야기를 하고 있는 것을 보면서 교양 과학의 다양한 방법을 한번 살펴보도록 하자. 아래의 내용 중 많은 부분을 독자 여러분은 《살아있는 수학》을 읽으면서 접하게 될 것이다. 그것은 다음과 같다.

1. 교양 과학은 우리들이 살고 있는 사회에서 일어난 일들을 가지고 예를 들어서 설명한다. 아르키메데스의 법칙은 '사드코 Sadko 러시아 연대기에 나오는 전설적인 인물의 이름 – 옮긴이 원정대'의 수중 탐사 작업을 통해서 알아보고 있으며, 공기중의 소리의 이동에 대해서는 아비시니아에서의 전보를 통한 총 동원령을 통해서, 고도에 따른 비행기 무게의 변화를 가지고 지상으로부터 떨어지면 중력의 힘이 어떻게 약해지는가를 보여주고 있다.
2. 과학의 발전을 새롭게 반영하며 그 예를 만들어낸다. 바다 속에서의 메아리, 모스크바의 난방을 위해서 사용되는 태양열의 사용에 대한 미헬슨 교수의 프로젝트 등이 있다.
3. 문학 작품에서 그 예를 찾는다. 톨스토이의 동화 《사람에게는 얼마나 많은 땅이 필요할까》에서 좋은 예들을 골랐으며, 체호프의 재미있는 단편들 (《과외 선생》, 《이웃 학자에게 보내는 편지》)에서, 마크 트웨인과 제롬 등의 작품에서 수학과 물리에 관계된 이야기를 관찰할 수 있다.
4. 전설이나 신화 등이 사용된다. 러시아의 고대 영웅인 스뱌토고르에 대한 이야기, 장기 창안자에 대한 이야기, 마호메트의 묘에 대한 이

야기, 아르키메데스에 대한 전설 등이 그것이다.

5. 상상의 세계에 관심을 기울인다. 인력과 저항에 대한 이야기, 지구가 갑자기 멈추게 되면 어떻게 될까? 또는 지축의 각도가 변하게 되면 어떻게 될까? 등이 있다.

6. 불가능한 것과 변할 수 없는 것은 그 이유가 무엇인지 알려준다. 뜨거운 얼음, 가라앉을 수 없는 바다, 날아가는 총알을 손으로 잡기, 왜 달은 지구로 떨어지지 않을까? 왜 하늘에서 내리는 눈은 하얀 색일까? 등이 있다.

7. 추측에 대한 추리가 있다. 가라앉는 배는 바다 밑까지 가지 않는다는 것, 구름은 기포로 구성되어 있다는 것, 초상화의 시선이 감상하는 사람을 쫓는다는 것 등이 있다.

8. 뜻밖의 것을 발견하게 된다. 좋은 달걀을 쉽게 구별하는 방법, 음악에서의 대수 등이 그것이다.

9. 일상 생활 속에서 응용할 수 있는 문제를 볼 수 있다. 무언가를 식히기 위해서 얼음을 효과적으로 사용하는 방법, 주전자의 물이 끓을 때의 거품, 생 달걀과 삶은 달걀의 차이점 등이 그것이다.

10. 마술, 운동, 게임 등을 제재로 사용한다.

11. 무대나 영화 등에서 나온 내용을 과학적으로 예를 들면서 설명해준다. 극장 객석의 음향학적 특성, 프롬프터 박스, 스테레오 영화, 마술, 놀이 시설 등이 그것이다.

12. 스포츠에 대한 이해를 돕는다. 낙하할 때 가장 늦게 낙하산을 펼치는 방법, 달리기를 할 때 공기의 저항, 테니스 경기의 특성, 멀리 던

지기 등이 있다.
13. 과학의 역사를 살펴볼 수 있다.

야콥 페렐만은 논문을 끝내면서 다음과 같이 쓴다.

"무엇 때문에 이러한 계략(물론 많은 사람들이 이렇게 표현하는 것에 반대를 할 수도 있다)이 필요하다는 말인가? 과학 자체가 재미없기 때문에 과학에 관심을 갖게 만들기 위한 이러한 기술이 필요하다는 말인가?

논쟁의 여지가 없다. 과학은 매우 재미있다. 하지만 누구한테 그렇게 재미있단 말인가? 바로 과학에 심취해 있고 과학에 대한 여러 가지 지식을 습득하고 있는 사람만이 그렇다. 하지만 그렇지 않은 사람들에게 과학은 지루하고 재미없는 것이다. 과학의 대중화에 힘쓰고 있는 사람들은 과학 그 자체가 독자와 청중들의 관심을 불러일으킬 것이라고 생각하지 않는다. 그래서 그들은 독자들이 어떤 것에 주의를 기울이는지 유심히 관찰해야 한다. 만약 과학의 대중화에 힘쓰는 사람이 독자의 관심 정도를 제대로 알지 못한다면 그가 제안하는 것이 사람들에게 아무런 관심도 유발하지 못하게 되고 결국 그의 노력은 헛수고가 된다.

그렇다면 교육을 놀이의 형태로 바꾸어야 한다는 것을 의미하는가? 아니다. 교양 과학은 그러한 것을 원하지 않는다. 재미있는 소재들은 과학을 놀이로 만드는 것이 아니라 반대로 놀이가 과학적 원리를 이해하는데 도움을 주는 것이다. 우리가 알고 있는 사실들의 전혀 새로운 측면을 밝혀냄으로써 교양 과학은 이해력과 관찰력을 증진시켜준다. 이것은 과학이 놀이로 변하지 않는다는 것을 의미한다."

야콥 페렐만은 누가 교양 과학의 선구자인가 하는 질문에 대해서 조금의 의심도 없이 쥘 베른 이라고 하면서 《지구 속 여행》이 이 장르의 첫 번째 작품이라고 한다. 우리는 쥘 베른이 과학을 대중화하는데 기여했으며 과학 소설 혹은 환타지 소설이라는 장르를 만들었다는 것을 인정한다. 하지만 우리는 야콥 페렐만의 의견에 동의할 수 없다. 우리는 현대적 의미의 '교양 과학'을 정립한 사람은 야콥 페렐만이라고 자신 있게 말한다.

어느 누구도 이 의견에 반대하지 못할 것이다.

| 편집자 *율리 다닐로프 (Yu. Danilov, 1936-2003) |

오데사에서 태어나서 군사학교에서 '화학전 방어술'를 전공했다. 전시체제가 해제된 후에 모스크바 국립대학교에서 역학 및 수학을 전공하고 1963년에 졸업했다. 이후 모스크바에 있는 쿠르차토프 원자력 연구소에서 생을 마칠 때까지 근무했다.

그는 물리학 이론, 철학, 논리학, 과학적 방법론, 과학의 역사에 해박한 지식을 갖추었으며 라틴어, 영어, 프랑스어, 독일어, 폴란드어, 헝거리어를 능숙하게 구사하며 세계의 주요한 교양 과학서들을 러시아어로 번역했다. 그는 1971년 소련에서 케플러 상을 받았으며, 1979년에는 과학의 대중화에 이바지한 공로로 국가상을 받았다. 1994년에는 미국의 유명한 물리학자이며 이론가인 조지 가모브의 환타지 소설 《불가사의한 나라의 톰킨스씨》를 번역하여서 환타지 문학상인 벨라예프 상을 받기도 했다.

창의력은 어디에서 오는가? 4
교양 과학의 전통을 만든 야콥 페렐만 6

1장 | 이야기 속의 수학

1. 숲속의 다람쥐 20
2. 베네직또프의 '현명한 문제에 대한 영리한 답변' 25
3. 사라진 10코페이카를 찾아서 31
4. 공동 부엌에서 34
5. 동아리 모임은? 36
6. 누가 더 많이 셌을까? 39
7. 할아버지와 손자 39
8. 비행기의 항로 41
9. 비행기의 그림자 45
10. 성냥개비 옮기기 50
11. 마법의 그루터기 53
12. December(12월)는 '10'이라는 뜻입니다 56

성경과 수학
노아의 대홍수와 수학 58

2장 | 생활 속의 대수학

1. 꼬마와 끈 68
2. 스키 경기 69
3. 보고서 쓰기 71
4. 톱니바퀴 - 별의 하루는 왜 태양의 하루보다 짧은가? 72
5. 쇼핑을 하며 쓴 돈 74
6. 장화의 개수 75
7. 머리카락의 수명 76
8. 월급 76
9. 두 명의 기술자 77
10. 몇 살일까? 78
11. 이바노프 부부 79
12. 게임 80

측량과 수학
자 없이 계산하기 82

3장 | 생활 속의 기하학(1)

1. 돋보기를 통해서 본 각도 90
2. 연필에는 몇 개의 면이 있나? 92
3. 초승달을 2개의 직선으로 나누면? 92
4. 12개의 성냥개비 93
5. 8개의 성냥개비 94
6. 닮은꼴 - 액자와 삼각자 96
7. 1kg짜리 에펠탑 모형의 높이 98
8. 장난감 벽돌의 무게 99
9. 거인과 난쟁이 99
10. 누가 더 추울까? 100
11. 어떤 수박을 사는 것이 이익일까? 102
12. 마개찾기 103

강수량과 수학
비와 눈에 관한 기하학 105

4장 | 생활 속의 기하학 (2)

1. 파리와 꿀의 최단 거리 118
2. 5코페이카 동전 통과하기 120
3. 수준기의 공기방울 121
4. 엽서 속에 있는 탑의 실제 높이 123
5. 버찌 씨와 과육 124
6. 게이트를 통과할까 공을 맞힐까? 125
7. 공과 페그 127
8. 게이트 통과하기 혹은 페그 맞히기 129
9. X형 게이트 통과하기 또는 공 맞히기 130
10. 통과할 수 없는 X형 게이트 131

산림학자와 수학
너 셀 줄 알아? 132

5장 | 확률 이야기

1. 수학자의 내기 140
2. 동전 옮기기 145
3. 웨이터의 제안 153

비밀운동과 수학
지하운동가의 비밀 편지 161

6장 | 수열 이야기

1. 체스판에 얽힌 전설 174
2. 테렌티우스의 상금 182
3. 백만장자의 실수 190
4. 도시의 소문 198
5. 자전거 세일 203
6. 놀라운 자연의 세계 208

인체와 수학
우리 몸 속에 있는 거인수 217

7장 | 수로 된 수수께끼

1. 5루블을 주면 100루블을 드립니다 226
2. 마법의 별 229
3. 숫자 삼각형 230
4. 1,000을 만들어라 231
5. 24를 만들어라 231
6. 30을 만들어라 232
7. 지워진 숫자 232
8. 어떤 수를 곱했을까? 234
9. 어떤 수를 나누었을까? 235
10. 11로 나누기 236
11. 이상한 곱하기 238
12. 수로 하는 마술 239

마술과 수학
수로 하는 마술 243

8장 | 다양한 문제들

1. 거미와 딱정벌레 254
2. 쇠사슬 256
3. 우의, 모자, 그리고 장화 257
4. 비행 258
5. 두 개의 숫자 258
6. 1이 되는 열 개의 숫자 259
7. 다섯 개의 9 260
8. 열 개의 숫자 260
9. 똑같은 숫자 다섯 개 261
10. 네 개의 1 261
11. 어떻게 될까? 262
12. 삼발이 의자 263
13. 적도여행 264
14. 숫자로 된 바퀴 264
15. 뿔이 8개인 별 266
16. 숫자판 267
17. 똑같은 길이의 길은? 268
18. 시계바늘의 각도 269
19. 여섯 줄로 만들기 271
20. 달걀과 오리 알 271
21. 아버지와 아들의 용돈 272
22. 비행기의 고도 272
23. 파시즘 표시의 변화 273
24. 십자가와 반달 274

달의 분화구가 되어 우리 곁에 영원히
남은 야콥 페렐만 278

01

이야기 속의 수학

수학이란 무엇일까? 수학은 왜 필요할까? 꼭 수학 공부를 해야만 할까?

우리는 이런 의문을 한번쯤 던져봅니다. 여기에 대한 대답을 이번 장에서 찾아볼 수 있을 것입니다. 수학의 가장 기초단계인 산수가 어떻게 우리 일상 생활 속에 들어와서 자리잡고 있는지를 보여주는 이야기들이 이번 장에 있습니다. 문제를 보시면 '이게 수학 문제야?' 하고 질문을 할 수 있는 것도 있습니다. 그런데 잠깐만 다시 보면 그것은 수학 문제 그 중에서도 아주 간단한 산수 문제인 경우가 있습니다. 여기 나와있는 문제들 속에는 우리들이 무심코 지나쳐 버리기 쉬운 일상생활의 맹점들이 숨겨져 있습니다. 이 일상의 맹점을 파헤치고 문제의 진실을 찾아내기 위해서는 간단한 산수 이상의 수학적인 분석력이 필요하기도 합니다.

이 문제들을 통해 스스로 수학적 분석이 과연 어떠한 것인지를 살펴보시기 바랍니다.

1. 숲 속의 다람쥐

"오늘 아침 저는 다람쥐와 숨바꼭질을 했습니다."

휴양소의 아침 식사시간이었다. 모두들 모여서 식사를 하려고 하는 데 누군가가 이야기하는 소리가 크게 들렸다.

"숲의 산책로를 따라 가다보면 한가운데 자작나무가 서 있는 작은 풀밭이 나오잖아요? 그 풀밭에 들어서자마자 저는 바로 눈이 반짝거리는 다람쥐의 머리를 볼 수 있었습니다. 녀석은 금세 나무 뒤로 숨어버리더군요. 저는 다람쥐를 지켜볼 생각으로 나무 가까이로 다가가지 않고 멀찌감치서 풀밭을 돌았습니다. 아마 네 바퀴는 돌았을 겁니다. 하지만 다람쥐는 교활하게도 항상 반대편에서 머리만 내밀고 있는 겁니다. 결국 저는 다람쥐 주위를 한 바퀴 도는 데 실패했습니다."

"말도 안되는 소리를 하는군요. 당신이 당신 입으로 나무 주위를 네 바퀴나 돌았다고 했잖아요."

다른 사람이 말을 받았다.

"제 말은 나무 주위를 돌았지만 다람쥐 주위는 돌지 못했다는 말입니다."

"아니, 다람쥐는 나무 위에 있었잖아요?"

"그래서 그게 어떻다는 겁니까?"

"그게 어떻다니요. 제 말은 당신이 다람쥐 주위를 돌았다는 거예요."

"저는 한번도 녀석의 등을 보지 못했는데 어떻게 주위를 돌았다고 할 수 있습니까?"

"참, 답답하시네요. 등쪽을 보고 안 보고가 무슨 이유가 됩니까? 다람쥐는 풀밭의 중앙에 있는 나무 위에 있었고, 당신은 원을 그리며 나무를 돌았잖습니까? 그러니까 다람쥐 주위를 돈 겁니다."

"아닙니다. 전혀 그렇지 않습니다. 제가 어떤 사람의 주위를 돌고 있다고 합시다. 그 사람은 제게 등을 보이지 않은 채 항상 저에게 얼굴을 향하고 있었습니다. 그럴 경우 제가 그 사람의 주위를 돌았다고 이야기할 수 있습니까?"

"물론이죠, 그럼 아니란 말인가요?"

"나는 한번도 그 사람의 뒤에 있어보지도 않았고 그 사람의 등을 보지도 못했습니다. 그런데도 내가 그 사람의 주위를 돌았다는 말입니까?"

"정말 짜증이 납니다. 제발 그 등이란 얘기는 그만하시죠. 당신은 그 사람의 주위를 돌았습니다. 그것이 핵심이죠. 그 사람의 등을 보았냐 안 보았냐는 중요한 것이 아니란 말입니다."

"그렇다면 어떤 것의 주위를 돈다는 것이 무슨 의미인지 말씀해 보시

그림 1 → 네 바퀴를 돌았습니다

죠. 제 생각에 주위를 돈다는 것은 어떤 것의 모든 면에서 그것을 살펴볼 수 있다는 것을 의미합니다. 그렇지 않습니까? 교수님."

그는 식탁에 앉아 있는 한 노인에게 말을 붙였다.

"당신들은 그야말로 말싸움을 하는 것입니다."

노인이 입을 열었다.

"이런 경우에는 방금 당신들이 이야기한 '주위를 돈다' 라는 말의 뜻이 무엇인지부터 정확하게 짚어봐야 합니다. 즉 단어의 뜻에 대한 합의가 이루어져야 한다는 겁니다. 어떤 물건의 주위를 돈다고 할 때, 그 말은 어떤 의미를 가지고 있을까요? 그 말의 의미는 한 가지가 아니라, 어쩌면 두 가지일 수 있습니다. 첫 번째 의미는 물체가 놓여 있고 그것으로부터 일정한 거리를 따라서 원을 그린다는 뜻입니다. 이것이 '주위를 돈다' 라는 말의 한 가지 의미입니다. 그리고 두 번째 의미는 물체와의 관계에서 그 물체의 모든 면을 볼 수 있도록 움직이는 것입니다.

첫 번째 의미로 보았을 때 당신은 다람쥐 주위를 네 번 돌았다는 것을 인정해야 합니다. 두 번째 의미로 이야기한다면 당신의 말처럼 다람쥐 주위를 한 바퀴도 돌지 못했다고 이야기할 수 있습니다. 결국 두 사람이 각각 다른 의미로 이 말을 생각하고 있기 때문에 이런 논쟁이 생긴 것입니다."

"그렇군요. 역시 교수님이십니다. '주위를 돈다' 라는 말을 두 가지 의미로 볼 수 있다는 것은 잘 알겠습니다. 그럼 이 경우에는 둘 중 누가 옳은 건가요?"

"그런 식의 질문은 성립하지 않습니다. 스스로 어떻게 생각하느냐에 따라 옳고 그름이 달라지기 때문이죠. 그러나 사람들이 나에게 어떤 식으로 생각하느냐고 물어본다면 그것에는 대답할 수 있습니다. 그 경우에 나는 첫 번째 의미가 더 마음에 와 닿습니다. 그 이유는 이렇습니다. 태양은 자기 축을 중심으로 26일에 한 바퀴씩 돕니다."

"태양이 자전을 한다는 말입니까?"

"물론이죠. 지구가 자전을 하듯이 태양도 자전을 합니다. 태양의 자전주기가 26일이 아니라 365와 $\frac{1}{4}$일이라고 가정해 봅시다. 즉 일 년이라고 생각하면 됩니다. 그렇게 되면 태양은 지구를 향해서는 항상 한쪽 면만을 보이게 됩니다. 반대편, 즉 태양의 등쪽을 우리는 평생 한번도 볼 수 없습니다. 이런 경우 지구가 태양을 중심으로 공전을 하고 있지 않다고 이야기하는 사람이 있을까요?"

"그렇군요, 이제야 알 것 같습니다. 결국 저는 다람쥐 주위를 돌았다는 말씀이시군요."

"여러분 저한테 제안이 하나 있습니다. 가지 마시고 잠시만 기다려 주세요."

언쟁을 듣고 있던 사람들 중 한 명이 이야기했다.

"지금은 비가 오니 산책도 못할 것이고, 하늘을 보니 비가 금방 그칠 것 같지도 않네요. 자, 우리 수수께끼를 풀면서 시간을 보내는 건 어떨까요? 각자가 하나의 수수께끼를 생각해 내거나 알고 있는 것을 이야기하는 겁니다. 그리고 지금처럼 교수님께서 우리의 심판이 되어주시는 겁니다."

"만약 수수께끼가 복잡한 계산이나 기하학에 관계된 것이라면 난 포기하겠어요."

한 젊은 아가씨가 이야기했다.

"저두요."

누군가 동의를 했다.

"아니, 아닙니다. 모두들 참여할 수 있을 겁니다. 복잡한 계산이나 기하학과 관계없는 문제를 내는 것으로 규칙을 정하면 되지 않을까요. 어떻습니까? 모두들 찬성하시는 것 같으니, 제가 수수께끼를 한 번 내보도록 하겠습니다."

"좋습니다. 한번 해보시죠."

사람들은 둥글게 모여 앉았다.

2. 베네직또프의 '현명한 문제에 대한 영리한 답변'

"그럼 저는 제가 알고 있는 흥미로운 이야기 하나를 소개할까 합니다. 러시아의 시인 중 V. G. 베네직또프라는 사람이 있습니다. 그는 러시아에서 처음으로 다양한 수학 문제를 책으로 엮은 사람입니다. 하지만 안타깝게도 이 책은 그가 살아있는 동안 출간되지 못했고, 원고 형태로 있다가 1924년에야 발견되었습니다. 그 원고는 1869년에 만들어졌습니다. 제가 할 이야기는 베네직또프가 '현명한 문제에 대한 영리한 답변' 이라고 제목을 붙인 것입니다. 책에는 다음과 같은 문제가 있었습니다.

달걀을 파는 한 여자가 90개의 달걀을 세 명의 딸에게 주면서 시장으로

그림 2 → "절대로 가격을 깎아 주어서는 안돼......"

가서 팔라고 했습니다. 이 여자는 큰 딸에게는 10개의 달걀을 주었고, 둘째에게는 30개의 달걀을, 셋째에게는 50개의 달걀을 주면서 다음과 같이 이야기했습니다.

'내가 지금부터 이야기하는 것을 잘 들어라. 너희들이 물건을 팔 때에는 반드시 내가 말하는 조건을 지켜야 한다. 첫째 절대로 깎아 주어서는 안된다. 그리고 너희들이 갖고 있는 달걀의 수는 제각각이지만, 달걀을 판 돈은 모두 같아야 한다. 나는 너희들이 이 문제를 아주 잘 해결할 거라고 생각한다. 다시 한 번 말하지만, 너희들 세 명이 자기가 가진 달걀을 팔아서 받은 돈은 모두가 같아야 한다. 그리고 한 가지 더 너희들이 달걀을 팔고 받은 돈은 10코페이카 <small>러시아의 화폐 단위. 100코페이카는 1루블이다. 여러분들은 이 화폐 단위를 잘 기억하기 바란다. 이후에도 계속해서 러시아 화폐 단위가 나온다. – 옮긴이</small> 단위로 꼭 떨어져야 한다.'

자 여러분들 생각에는 이 여자아이들이 어떻게 물건을 팔았을 거라고 생각하십니까? 나머지 이야기는 저녁에 하기로 하고 저는 여기서 베네직또프의 이야기를 마치겠습니다."

"첫 문제부터 너무 어려운 것 아닌가요?" 젊은 아가씨가 불만에 차서 말했다.

"글쎄요. 어려운 문제인지 아닌지는 나중에 판단해 보세요. 베네직또프의 다음 글을 아신다면 의외성에 실소가 나오실 것입니다. 저녁때까지 한번 고민해 보십시오. 하하하." 그가 대답했다.

풀 이

그 자리에 있었던 사람들은 저녁때까지 기다려야 했지만 우리는 바로 살펴보도록 하자. 베네직또프의 이야기를 계속해서 여러분에게 소개하겠다.

시장으로 향하는 딸들은 어머니께 그렇게 하겠다고 약속했다. 그리고 큰 언니의 말에 귀를 기울였다. 큰 언니는 다음과 같이 말했다.

"얘들아, 우리는 지금까지 10개를 한 묶음으로 해서 달걀을 팔았는데 한번 바꾸어 보자. 오늘은 7개씩을 한 묶음으로 만들어서 파는 거야. 그 대신 엄마가 이야기한 대로 7개에 대한 가격을 절대로 바꾸어서는 안돼. 절대로 깎아주거나 덤을 얹어 주는 일이 있어서는 안돼. 그리고 우선 7개의 달걀을 3코페이카에 팔자. 알았지?"

"너무 싼 것 아니야."

둘째가 이야기했다.

"아니야. 그 대신 우리는 7개씩 팔고 남은 것을 비싼 가격으로 팔면 되지. 내가 시장으로 오는 길에 알아본 바에 의하면 달걀을 팔러 나오는 사람은 우리 외에는 없어. 그러니까 가격을 우리가 조정할 수 있을 거야. 만약 달걀이 꼭 필요해서 사려고 하는 사람이 많아지면 물건의 가격은 당연히 올라가는 거야. 그러니까 남은 달걀의 가격은 올라가는 거지."

"그럼 나머지 달걀을 얼마에 팔자는 건데?"

셋째가 물었다.

"달걀 하나에 9코페이카에 파는 거야. 정말 달걀이 꼭 필요한 사람한테 파는 거지. 아마 그런 사람이 있을 거야."

"너무 비싸다."

둘째가 이야기했다.

"그 대신 처음에 7개씩 파는 달걀은 싸게 파는 거잖아. 상호보완이 될 거야."

둘째와 셋째는 언니의 말에 동의했다.

세 자매는 각자 자리를 차지하고 앉아서 달걀을 팔기 시작했다. 달걀 가격이 싸다는 것을 알게 된 사람들은 맨 처음 50개의 달걀을 가지고 있는 셋째에게 달려들어서 모두 사갔다. 셋째는 달걀 7개씩 7묶음을 3코페이카씩에 팔고 21코페이카를 손에 넣게 되었다. 그리고 달걀 하나가 남게 되었다. 둘째는 4명에게 달걀을 팔았고 12코페이카를 받았으며 바구니에는 2개의 달걀이 남았다. 큰딸도 자기가 가지고 있는 10개의 달걀 중 7개를 3코페이카를 받고 팔았다. 그리고 바구니에는 3개의 달걀이 남았다.

그때 한 귀족의 집에서 요리를 하고 있는 요리사가 나타났다. 주인마님은 달걀 값이 어떻게 되든지 무조건 달걀 10개를 사오라고 하였다. 왜냐하면 멀리 유학을 갔던 아들이 왔는데 이 아들이 달걀을 매우 좋아하기 때문이었다. 하지만 요리사가 시장에 왔을 때는 이미 달걀이 모두 팔린 상태였고 6개의 달걀만이 남아 있었다. 첫 번째에게 1개의 달걀이, 두 번째에게는 2개의 달걀이, 세 번째에게는 3개의 달걀이 남아 있었다.

물론 요리사는 달걀이 3개 남아있는 큰 딸에게 맨 처음 다가갔다. 요리사가 물었다.
"이 달걀 세 개를 얼마에 파냐?"
"달걀 하나에 9코페이카예요."
큰 딸이 대답했다.
"뭐라고? 미쳤군!"
요리사가 말했다. 그러자 큰 딸은
"맘대로 생각하세요. 하지만 더 싸게는 못 팔아요. 이게 마지막 달걀이거든요."
요리사는 달걀이 두 개인 둘째에게로 갔다.
"얼마냐?"
"한 개에 9코페이카예요. 그렇게 가격이 형성되었어요. 다 팔았거든요."
"네 것은 얼마냐?"
요리사는 셋째에게 물어보았다. 셋째가 대답하기를
"9코페이카요."
요리사는 어떻게 할 수가 없었다. 그는 말도 안되는 가격에 달걀을 사야만 했다.
"달걀을 전부 가져와라."
그리고 요리사는 큰 딸의 달걀 세 개에 대해서 27코페이카를 주었다. 그래서 큰 딸은 30코페이카를 손에 넣게 되었다. 둘째는 달걀 두 개에 대해서 18코페이카를 받았다. 둘째 딸은 앞에서 달걀을 팔고 받은 돈 12코페이카에 18코페이카를 합쳐서 마찬가지로 30코페이카를 손에 넣게 되었다. 막내도 마지막 남은 달걀 하나를 9코페이카에 팔았고 앞에서 49개의 달걀을 팔고 받은 돈 21코페이카를 합쳐서 30코페이카를 손에 넣게 되었다.

세 자매는 집으로 돌아와서 엄마에게 90코페이카를 건네주었다. 그리고 어떻게 달걀을 팔았는지 이야기했다. 어떻게 가격을 지켰으며, 달걀 10개와 30개 그리고 50개를 각각 팔아서 받은 돈이 어떻게 똑같아졌는지 이야기해 주었다.

엄마는 딸들이 지시한대로 일을 잘 수행했으며, 딸들의 영리함에 그리고 모두가 똑같이 30코페이카씩 90코페이카를 벌었다는 것을 매우 기뻐하였다.

이 이야기는 이렇게 끝을 맺었다. 베네직또프가 이 글을 쓴 시기(1869년)에 러시아에는 이와 비슷한 내용을 책으로 낸 경우가 없었다. 그리고 서구에서도 단지 두 편의 저작만이 있었다. 바세 드 메지리야크 Bache de Mejiryak(1581-1630) 프랑스의 수학자. - 옮긴이 의 저작물과 (1612년) 와 자크 오자남 Jacques Osanam(1640-1717) 프랑스의 수학자. - 옮긴이 의 4권짜리 책(1694년)이 전부였다. 이 오래된 원고에서 베네직또프는 책의 제목도 붙이지 않은 채 무엇을 위해서 이 글을 쓰는지에 대해서 다음과 같은 글을 남겼다.

"수학적인 문제는 다양하고 재미있는 게임이나 추리소설로 표현될 수도 있다. 특히 '마술'이라고 불리는 많은 것들이 수를 기반으로 하고 있다. 수가 씌어져 있는 카드로 하는 것은 더더욱 그렇다. 우리들에게 놀라움을 던져주는 커다란 수가 나오는 몇몇 문제들을 풀면서 우리는 그 수가 갖는 의미를 이해하기도 한다. 몇몇 문제들은 머리를 아주 잘 써야 하는 경우도 있다. 처음에 보았을 때 전혀 풀 수 없을 것만 같은 문제들도, 예를 들어서 '현명한 문제에 대한 영리한 답변'과 같은 것들을 우리는 풀 수 있다. 현실 생활 속의 수학적인 문제는 단순하게 이론만을 안다고 풀 수 있는 경우는 매우 드

물다. 어떤 식으로 어떻게 상황이 전개되는지를 정확하게 이해하고 여러 관점에서 상황을 살펴보아야 한다. 그렇기 때문에 여기에서 이런 문제를 풀어 보는 것은 헛된 노력이 결코 아닐 것이다."

3. 사라진 10코페이카를 찾아서

"저도 이 이야기와 비슷한 이야기를 알고 있습니다."
옆에 앉아있던 자켓 입은 사람이 말했다.
"그럼, 한번 들어보죠."
사회자가 말했다.
"어느 날 두 명의 시골 처녀가 시장에 사과를 팔러 갔습니다. 한 처녀는 사과 2개에 10코페이카, 다른 처녀는 사과 3개에 20코페이카로 가격을 매겼습니다. 각자의 바구니 안에는 사과가 30개씩 들어 있었습니다. 따라서 첫 번째 시골 처녀는 자신의 사과를 모두 팔아 1루블 50코페이카를 벌 예정이었고, 두 번째 처녀는 2루블을 벌 생각이었습니다.

두 사람은 서로 경쟁하지 않고 사이좋게 함께 파는 것이 좋을 것 같다는 생각을 했습니다. 둘의 수입을 모두 합하면 3루블 50코페이카이니까 그들은 사과 60개를 팔아서 3루블 50코페이카를 만들면 서로 각자의 목표를 이룰 수 있다고 판단했습니다.

"내가 사과 2개를 10코페이카에 팔고, 네가 사과 3개를 20코페이카에 팔려고 했으니까 아마 사과 5개를 30코페이카에 팔면 우리의 목표를 이

룰 수 있을 거야."

그들은 장사를 시작하기 위해 사과를 한 곳으로 모았습니다. 사과는 이제 60개가 되었습니다. 5개에 30코페이카씩의 가격으로 사과를 팔았습니다. 그런데 장사가 끝난 뒤에 두 사람이 깜짝 놀랄 일이 벌어지고 말았습니다. 그들이 예상했던 돈보다 10코페이카가 많은 3루블 60코페이카의 돈이 두 사람의 손에 들어온 것입니다. 두 사람은 아무리 생각해도 이해할 수가 없었습니다. 이 10코페이카는 어디서 나온 것일까? 10코페이카는 둘 중 누가 가져야 하는 것일까? 무엇보다 어떻게 해서 이런 일이 벌어졌을까? 두 사람은 생각지도 못한 10코페이카 때문에 고민에 빠졌습니다.

이 때 옆에서 이것을 본 다른 두 사람도 10코페이카의 여분이 생기도록 장사를 해야겠다는 생각을 했습니다. 이들도 각각 30개씩의 사과를 가지고 있었는데, 한 사람은 사과 2개에 10코페이카, 다른 사람은 사과 3개에 10코페이카로 가격을 책정하고 있었습니다. 따라서 첫 번째 사람은 자신의 사과를 모두 팔아 1루블 50코페이카를 벌 예정이었고, 다른 사람은 1루블을 벌 생각이었기 때문에 그들은 사과를 판 돈이 2루블 50코페이카가 되면 둘 다 목표를 이루는 것이었습니다. 그들은 이전의 두 사람과 마찬가지 방식으로 생각을 해서 함께 사과를 팔기로 했습니다.

"내가 사과 2개를 10코페이카에, 네가 사과 3개를 10코페이카에 팔려고 했으니까 아마 사과 5개를 20코페이카에 팔면 되겠지."

이 두 사람은 사과를 모아 5개에 20코페이카의 가격으로 팔았지만 전부 팔고 나서 보니 2루블 40코페이카밖에 손에 들어오지 않았습니다. 10

코페이카의 이익을 예상하고 사과를 열심히 팔았지만 그들은 결국 10코페이카의 손해를 보고 말았습니다.

　아무리 생각을 해도 이상했습니다. 어째서 이런 일이 일어난 것일까요? 두 사람 중 누가 10코페이카를 손해봐야 하는 것일까요?"

풀이

처녀들은 자신들의 사과를 모아서 함께 팔기 시작하는 순간부터 이미 자신들도 모르게 이전과는 다른 가격으로 팔고 있었던 것이다. 이 점을 알면 의문은 아주 간단히 풀린다.

처음에 사과를 판 두 사람의 경우를 살펴보자. 각자 사과를 팔려고 했을 때, 첫 번째 처녀의 사과 1개의 가격은 $\frac{10}{2}$ 코페이카이고, 두 번째 처녀의 사과 1개의 가격은 $\frac{20}{3}$ 코페이카이었다. 그런데 두 사람이 함께 팔기 시작했을 때 사과 1개의 가격은 $\frac{30}{5}$ 코페이카가 되었다.

즉 첫 번째 처녀는 자신의 사과를 1개에 $\frac{10}{2}$ 코페이카가 아닌 $\frac{30}{5}$ 코페이카에 판 것이다. 그러므로 1개당 1코페이카씩의 이익을 본 셈이므로 30개 전부를 팔면 30코페이카의 이익이 생긴다. 반대로 두 번째 처녀는 사과 1개에 $\frac{30}{5} - \frac{20}{3} = -\frac{10}{15}$, 즉 $\frac{10}{15}$ 코페이카씩 손해를 본 셈이므로 30개 전부는 20코페이카의 손해가 난 것이다. 결국 첫 번째 처녀는 30코페이카의 이익을 얻고 두 번째 처녀는 20코페이카의 손해를 본 것이므로 그들은 10코페이카의 이익을 얻게 되었다.

같은 방식으로 계산해 보면 10코페이카의 손해를 본 두 사람의 경우도 이해할 수 있을 것이다.

4. 공동 부엌에서

"제가 낼 수수께끼는 부엌 하나를 함께 쓰는 다가구 주택에서 있었던 일입니다. 평범한 문제죠. 일을 마치고 집으로 돌아온 A여사가 저녁을 짓기 위해 아궁이에 3개의 장작을 넣었습니다. 그리고 B여사는 5개의 장작을 넣었습니다. 가장 늦게 돌아온 C씨는 장작이 하나도 없었습니다. 하지만 장작 8개로 지핀 불로 자신도 함께 저녁을 준비할 수 있도록 해달라고 부탁했습니다. A여사와 B여사는 흔쾌히 허락을 했습니다. 두 사람의 배려로 C씨는 무사히 저녁 준비를 마칠 수 있었습니다. C씨는 이들의 친절에 보답하는 뜻에서 80코페이카를 두 사람에게 주었습니다. A여사와 B여사는 이 돈을 어떻게 나누어야 할까요?"

"반으로 나누어야죠."

수수께끼를 내는 사람의 말이 끝나기가 무섭게 누군가가 자신의 생각을 말했다.

"왜냐하면 C씨는 두 사람의 불을 똑같이 사용했기 때문입니다."

"아니요, 그건 아닌 것 같습니다. A여사와 B여사가 아궁이에 넣은 장작의 개수가 다르다는 것을 생각해야 합니다. 그러니까 3개를 넣은 A여사는 30코페이카를, 5개를 넣은 B여사는 50코페이카를 가져야 합니다. 그래야 공평한 것 아닌가요."

"여러분, 잠깐만 기다려 보세요."

사회자가 말을 끊었다.

"수수께끼의 답을 지금 알려고 하지 맙시다. 저녁때가 되면 우리의 심

그림 3 → 공동 부엌에서

판을 맡으신 교수님께서 정답을 알려드릴 겁니다. 그러니까 지금은 문제의 답을 갖고 싸우지 말고 스스로 답을 생각하도록 합시다. 자, 다음은 소년단원 너다."

풀이

많은 사람들이 생각하듯이 80코페이카를 8개의 장작을 사기 위해 지급했다고 생각하면 안된다. 이 돈은 전체 장작의 삼분의 일에 대해서 지급을 한 것이다. 왜냐하면 불을 세 명이 똑같이 나누어 사용하였기 때문이다. 그렇기 때문에 전체 장작 8개의 가치는 80×3, 즉 2루블 40코페이카이다. 그래서 장작 하나의 가격은 30코페이카이다.

이렇게 되면 각자가 얼마만큼의 가치를 가지고 있었는지 쉽게 알 수 있다. A는 3개의 장작을 가지고 있었으므로 90코페이카의 가치를 가지고 있다. 하지만 A가 사용한 가치는 위에서 알아보았듯이 80코페이카이다. 그러므로 90−80 즉 10코페이카 만큼이 그가 더 가지고 있는 가치이다. B의 경우 5개의 장작을 가지고 있었으므로 150코페이카의 가치를 가지고 있다. 이 중 80코페이카의 가치를 사용하였으므로 150−80＝70, 즉 70코페이카 만큼이 더 가지고 있는 가치이다.

그러므로 A는 10코페이카를 B는 70코페이카를 갖는 것이 맞다.

5. 동아리 모임은?

"우리 학교에는 5개의 동아리가 있습니다."

소년단원이 자신이 생각한 수수께끼를 말하기 시작했다.

"문예부, 체육부, 사진부, 바둑부, 합창부가 있습니다. 문예부는 이틀에 한 번 모임이 있고요, 체육부는 사흘에 한 번, 사진부는 나흘에 한 번, 바둑부는 닷새에 한 번, 합창부는 엿새에 한 번 모임이 있습니다. 1월 1일에 학교에 있는 모든 동아리가 첫 모임을 가졌습니다. 그 이후에는 각 동아리의 계획에 따라 정확하게 모임을 갖고 있습니다. 4월 1일이 되기 전에 5개의 동아리가 한꺼번에 모임을 갖는 날은 며칠이나 될까요? 이것이 저의 질문입니다."

"그러면 네가 질문한 그 해가 평년이냐 아니면 윤년이냐?"

소년단원에게 질문이 주어졌다.

"평년이요."

"그러면 1월은 31일, 2월은 28일, 3월은 31일 이니까, 3개월은 90일로 계산을 하면 되겠구나?"

"당연하죠."

"내가 이 수수께끼에 간단한 한 가지 문제를 더해도 될까요?"

잠자코 문제를 듣고 있던 교수가 말했다.

"내가 낼 문제는 3개월 동안 동아리 모임이 하나도 없는 날은 며칠이나 되느냐는 것입니다."

"아, 난 알겠어요!"

누군가가 환성을 질렀다.

그림 4
→ 우리 학교에는 다섯 개의 동아리가 있습니다.

"이 질문은 속임수예요. 다섯 개 동아리가 한꺼번에 모임을 갖는 날도, 그리고 전체 동아리가 모임을 갖지 않는 날도 하루도 없어요. 분명해요."

"그건 왜 그렇죠?"

사회자가 물어보았다.

"설명은 할 수 없지만 직관이라는 게 있잖아요. 제 생각에는 그럴 것 같아요."

"그건 답이 아닐 것 같은데요. 저녁때 당신의 추측이 맞는지 한번 보도록 하죠. 그럼 다음 사람이 문제를 내도록 하죠."

풀이

첫 번째 질문, 즉 얼마의 기간이 지나면 5개의 동아리 모두가 모임을 갖는가 하는 것에 대해서 우리는 쉽게 대답할 수 있다. 이것은 2, 3, 4, 5, 6의 최소 공배수이다. 다른 말로 표현하면 2, 3, 4, 5, 6으로 나누어질 수 있는 가장 작은 수다. 그것은 60이다. 즉 새해가 시작된 지 61일째 되는 날 모든 동아리가 모임을 갖게 된다. 문예부는 이틀마다 한 번씩 30번 모임을 갖게 되고, 체육부는 3일마다 한 번씩 20번을, 사진반은 4일마다 한 번씩 15번을, 바둑반은 5일마다 한 번씩 12번을, 합창반은 6일마다 한 번씩 10번 모임을 가질 수 있게 된다. 60일보다 더 빠른 기간 안에 모든 동아리가 모임을 갖는 날은 없다. 그러므로 마찬가지로 모든 동아리가 모이게 되는 날은 이후 60일이 지난 후이다. 즉 이것은 이미 3개월이 지난 후이다. 그래서 처음 3개월에 모든 동아리가 다시 모이게 되는 날은 오직 하루뿐이다.

이것보다 어려운 것은 두 번째 질문, 즉 한 동아리도 모임을 갖지 않는 날은 며칠인가 하는 질문이다. 이 답을 얻기 위해서는 모든 날들을 1에서 90까지 표시를 한 뒤에 문학반이 모인 날들 즉 1, 3, 5, 7, 9 등을 지워나가고, 그 다음에 체육반이 모인 날들 4, 10 등을 지워나가야 한다. 그 이후에 사진반, 바둑반, 합창반들이 모인 날들을 지워나가면 지우지 않은 날들이 남는데 이 날들이 한 동아리도 모임을 갖지 않은 날이 된다.

이렇게 지워보면 한 동아리도 모임을 갖지 않은 날이 생각보다 많다는 것을 알게 된다. 1월에는 8일, 즉 2, 8, 12, 14, 18, 20, 24, 30일 이며, 2월에는 7일이 있고 3월에는 9일이 있다. 그래서 모두 24일이 된다.

이 두 번째 질문은 2, 3, 4, 5, 6으로 나누어지지 않는 수가 몇 개인지를 찾으면 된다. 즉 1부터 90까지의 수 중에서 소수 1보다 크며, 1과 그 수 자체 이외의 정수로는 똑 떨어지게 나눌 수 없는 정수 - 옮긴이 를 찾으면 된다. 단 이들 소수 중 2, 3, 5를 제외하여야 한다. 유의할 것은 첫 번째날부터 세는 것이 아니라 두 번째 날부터 첫날로 계산해서 89일까지 수 중에서 소수를 찾아야 한다는 것이다. 그리고 처음에 모인 바로 다음날은 모두 모임이 없으므로 1월 2일을 포함해야 한다.

6. 누가 더 많이 셌을까?

"두 사람이 인도(人道)를 지나가는 사람들을 세고 있었습니다. 한 사람은 집 대문 앞에 서 있었고, 한 사람은 인도에서 왔다 갔다 했습니다. 누가 지나가는 사람을 더 많이 세었을까요?"

"움직이는 사람이 더 많이 셌어요, 당연한 것 아닌가요!"

식탁 끝 쪽에서 누군가가 말하였다.

"답은 저녁 식사 후에 알아보도록 하죠."

사회자가 말을 끊었다.

"다음 사람!"

풀 이

둘 다 똑같은 수의 지나가는 사람을 세었다. 비록 대문 앞에 서있는 사람이 양쪽으로 지나가는 사람의 수를 셌지만, 서 있는 사람보다 왔다갔다 하는 사람은 한쪽으로 갈 때 그 반을 그리고 다른 쪽으로 갈 때 다시 그 반을 똑같이 셀 수 있기 때문이다(물론 걸음의 속도가 모두 같다고 가정했을 때 그렇다).

7. 할아버지와 손자

"제가 지금 이야기하는 것은 1932년에 있었던 일입니다. 저는 그 당시에 태어난 해의 마지막 두 자릿수의 2배 만큼 나이를 먹었습니다. 제가 할아버지께 이 이야기를 하자 할아버지는 잠깐 생각에 잠기시더니 깜짝 놀라면서 할아버지도 마찬가지라고 했습니다. 저는 그것은 불가능한 일이라고 말씀 드렸습니다."

"당연히 불가능한 것 아닌가요."

누군가의 짜증 섞인 목소리가 들렸다.

"아닙니다. 그것은 가능한 일입니다. 할아버지께서는 제게 그걸 증명해 주셨습니다. 저와 할아버지의 나이는 얼마였을까요?"

"그럴 수도 있겠군요. 천천히 생각을 해보도록 합시다. 자, 이제는 당신 차례입니다. 비행사 양반."

사회자가 다음 사람을 지목했다.

풀이

언뜻 보기에는 정말 잘못된 문제처럼 보인다. 마치 손자와 할아버지의 나이가 같은 것처럼 생각되기 때문이다. 하지만 '할아버지의 설명'을 들어보면 쉽게 이해가 될 것이다.

손자는 20세기에 태어났다. 즉, 태어난 해의 첫 번째 두 숫자는 19이다. 이렇게 시작되는 수는 100개이다. 그런데 32년에 자기가 태어난 해의 수만큼 나이를 먹었다고 하니 태어난 해의 나머지 두 숫자의 두 배는 32이다. 즉 나머지 두 숫자는 16이다. 손자의 태어난 해는 1916년이고 1932년에 16살이 된 것이다.

할아버지는 손자와 같이 20세기에 태어난 것이 아니라 19세기에 태어났다. 즉 태어난 해의 첫 번째 두 숫자는 18이다. 나머지 두 숫자를 두 배 하였을 때 그 수는 132가 된다. 즉 132를 둘로 나누면 66이 된다. 할아버지는

1866년에 태어났고, 현재 나이는 66살이다. 즉, 할아버지와 손자 모두 태어난 해의 마지막 숫자 두 개가 나타내는 수만큼 나이를 먹었던 것이다.

8. 비행기의 항로

"상트페테르부르크에서 북쪽으로 비행기가 출발했습니다. 정북 방향으로 500km를 비행한 후, 여객기는 동쪽으로 방향을 바꿨습니다. 그리고 동쪽으로 500km를 비행한 후에 다시 남쪽으로 방향을 바꿔서 500km를 비행했습니다. 그리고 다시 서쪽으로 방향을 바꿔서 500km를 비행하고는 착륙했습니다. 여객기가 착륙한 곳은 상트페테르부르크를 기준으로 어디일까요? 하는 것이 문제입니다. 서쪽, 동쪽, 북쪽일까요? 아니면 남쪽일까요?"

"쉽게 한번 계산해 봅시다."

누군가가 이야기하였다.

"그러니까 이 문제는 앞으로 500보, 오른쪽으로 500보, 뒤로 500보, 왼쪽으로 500보를 움직이면 어디에 도착하는지를 묻는 것인가요? 그럼 당연히 출발한 장소로 되돌아오게 될 것 같은데 아닌가요? 그렇다면 여객기가 착륙한 곳이 어디라는 것이죠?"

"그래요, 이 문제의 답은 처음 여객기가 출발한 곳, 즉 상트페테르부르크 입니다."

"아닙니다."

"아니라고요? 그럴 리가 없잖아요."

그림 5 → 500걸음을 앞으로, 500걸음을 우측으로 500걸음을 뒤로······

"뭔가가 있는 것 같군요."

옆에 앉은 사람이 대화에 끼어들었다.

"정말로 비행기가 상트페테르부르크에 도착하지 않았단 말인가요? 문제를 한 번 더 이야기해주시면 안되나요?"

비행사는 기꺼이 부탁에 응했다. 모두들 집중하여 비행사가 낸 문제를 다시 한 번 들었지만 고개만 갸우뚱할 뿐이었다.

"자, 됐어요."

사회자가 말하였다.

"저녁때까지 이 문제에 대해서 생각을 해보세요. 그럼 다음으로 넘어가죠."

풀 이

이 문제에는 어떠한 모순도 없다. 단지 비행기가 정사각형을 만들며 날아갔다고 생각을 하면 안된다. 왜냐하면 지구의 형태를 감안해야 하기 때문이다. 즉, 지구의 자오선은 북쪽으로 갈수록 서로 가까워진다. (그림 6) 그렇기 때문에 북반구에 위치하고 있는 상트페테르부르크에서 출발하여 원을 따라서 500km를 날아가게 되면 비행기는 동쪽으로 1도 이상 비스듬하게 움직이게 된다. 그리고 반대로 날아가게 되어도 마찬가지가 된다. 결과적으로 비행기가 비행을 마치게 되면 상트페테르부르크에서부터 동쪽으로 움직이게 되는 것이다. 물론 500m 정도의 짧은 거리에서 그 차이는 무시해도 될 정도로 미세하겠지만, 500km 정도로 그 거리가 커진다면 문제가 달라진다.

그러면 비행기는 실제로 얼마나 동쪽으로 움직였을까? 한번 계산을 해보

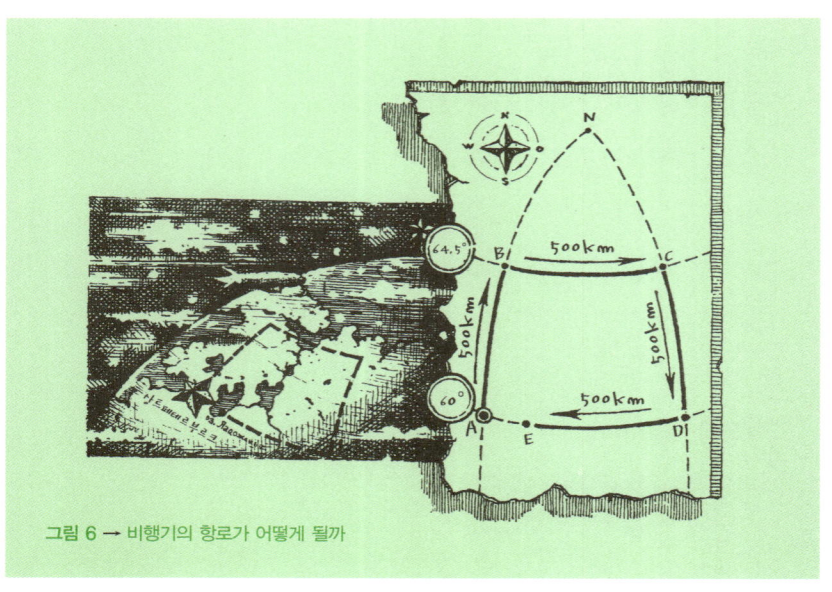

그림 6 → 비행기의 항로가 어떻게 될까

자. 그림 6에서 여러분은 비행 루트를 볼 수 있다. 그것은 ABCDE로 표현이 되었다. 그림의 점 N은 북극을 의미하고 선분 AB와 선분 CD는 이 점에서 만나게 된다. 비행기가 처음 500km를 북으로 움직였다. 즉 자오선 AN을 따라서 움직였다. 위도 1도의 길이는 대략 111km이므로 500km를 움직인 것은 500÷111=4.5도가 된다. 상트페테르부르크는 위도 60도에 위치하고 있다. 즉 점 B는 60+4.5=64.5도에 위치하고 있다. 그 다음에 비행기는 선분 BC로 500km를 움직인다. 이 위도에서의 경도 1도의 길이는 48km이다(경위도표를 보면 알 수 있다). 이렇게 되었을 때 우리는 쉽게 몇 도나 움직였는지 계산을 할 수 있다. 즉 500÷48=10.4도 이다. 그 다음에 비행기는 남쪽으로, 즉 선분 CD를 따라서 500km를 움직인다. 이렇게 되었을 때 위도는 상트페테르부르크와 같은 라인이 된다. 이제 서쪽, 즉 선분 DA를 따라서 500km를 움직인다. 이때 도착한 지점을 E라고 하면 선분

DE의 거리는 선분 DA보다 짧다. 선분 DA는 선분 BC와 마찬가지로 10.4도 이다. 하지만 길이는 위도 60도에서의 경도 1도는 55.5km이다. 그러므로 선분 AD의 길이는 55.5×10.4=577.2km이다. 그러므로 우리는 비행기가 상트페테르부르크에 도착하지 못한다는 것을 알게 된다. 즉 비행기는 상트페테르부르크에 77.2km 못 미친 지점에 도착하게 되는 것이다.

9. 비행기의 그림자

"그럼 저도 비행기에 관련된 문제를 하나 내도록 하겠습니다."
다음 사람이 이야기했다.
"비행기와 비행기의 그림자 중 어느 것이 더 길까요?"
"그게 전붑니까?"
"네, 이게 전부예요."
"물론 그림자가 비행기보다 길죠. 태양빛은 부채처럼 펼쳐지잖아요. 그러니 당연한 것 아니겠어요."
"제 생각에 태양빛은 직선이어서 그림자와 비행기의 길이가 같을 것 같은데요."
누군가가 반대를 했다.
"무슨 말씀을 하시는 거예요? 여러분들께서는 구름 뒤로 숨는 태양을 본 적이 없다는 말씀이세요? 구름 뒤로 숨은 태양빛이 구름 밖으로 펴져 나가는 것을 보신 적이 없나요? 비행기의 그림자는 비행기보다 훨씬 더 깁니다. 구름의 그림자가 구름보다도 길듯이 말입니다."

그림 7 → 구름 뒤로 숨은 태양의 빛은 구름 밖으로 퍼져나간다

"그렇다면 태양빛이 직선이라고 일반적으로 이야기하는 건 무엇 때문이죠? 최소한 선원들과 천문학자들은 그렇게 생각하는 것 같아요."

사회자는 더 이상 언쟁을 하지 못하게 막고 다음 사람에게 발언권을 넘겨 주었다.

풀 이

그림자는 비행기보다도 작다. 우선 질문과 대화의 내용을 잘 살펴보면 몇 가지 오류가 있음을 알 수 있다. 지구로 떨어지는 태양 광선이 눈에 띄게 퍼진다는 것은 옳지 않다. 지구는 태양으로부터 떨어진 거리에 비하면 너무도 작기 때문에 지구에 떨어지는 태양 광선은 거의 눈에 띄지 않을 정도로 퍼진다. 그렇기 때문에 태양 광선은 직선으로 떨어진다고 생각하면 된다. 그림 7과 같이 구름 뒤에서 부채처럼 퍼져 나오는 태양 광선은 원경(遠景)의 한 장면에 불과하다.

원경을 볼 경우 평행선이 만나는 것 같은 느낌을 갖는다는 것을 우리는 알고 있다. 멀어져 가는 기찻길(그림 8) 또는 긴 가로수 길을 상상해보면 알 수 있다.

그림 8 → 멀어져 가는 기찻길

태양 광선이 지구로 직선으로 떨어진다고 해도 비행기의 그림자가 비행기의 크기와 같다고 이야기할 수 없다. 그림 9와 같이 일정한 높이에 물체를 띄워 놓고 실험을 해보면 땅 표면에 나타나는 그림자가 작아짐을 우리는 알 수 있다. 그러므로 그림자는 비행기보다도 짧다. 즉 선분 CD는 선분 AB보다 작다.

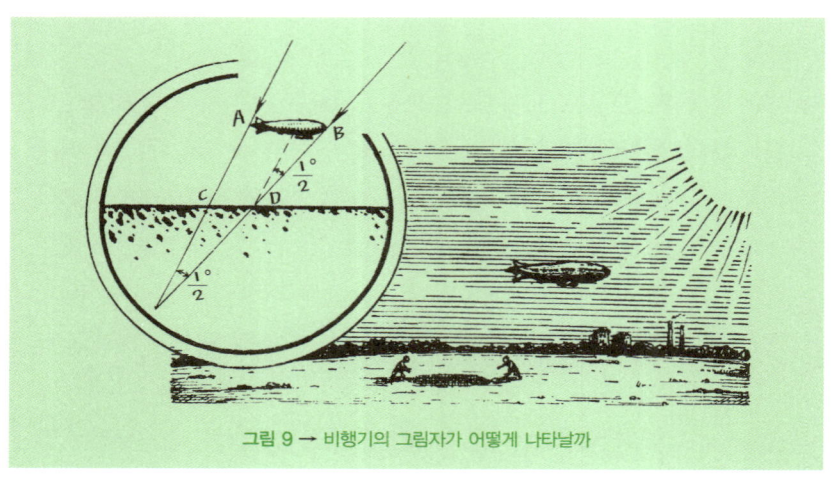

그림 9 → 비행기의 그림자가 어떻게 나타날까

만약 비행기가 어느 높이에 있는지를 안다면 그 차이가 얼마나 되는지 알 수 있다. 예를 들어서 비행기가 지상 1000m 에 위치하고 있다면 선분 AC 와 선분 BD에 의해서 만들어진 각도는 지구에서 태양을 바라보는 각도와 같은 약 0.5도, 즉 $\frac{1}{2}$도 이다 탄젠트 값을 나타내는 것이다. tan A= $\frac{\text{지구에서 태양까지의 거리}}{\text{태양의 지름}}$ 로 약 0.5도가 나온다. - 옮긴이 (왜냐하면 태양에 비하면 지구와 이 물건의 크기의 차이는 거의 표시가 나지 않기 때문이다). tan 0.5도의 값은 $\frac{1}{115}$ 이기 때문에 어떤 물체가 직경의 115배 거리만큼 떨어져 있게 되면 보이지 않게 된다. 그렇기 때문에 그림 10에서와 같이 비행기의 그림자가 사라지게 되려면 비행기의

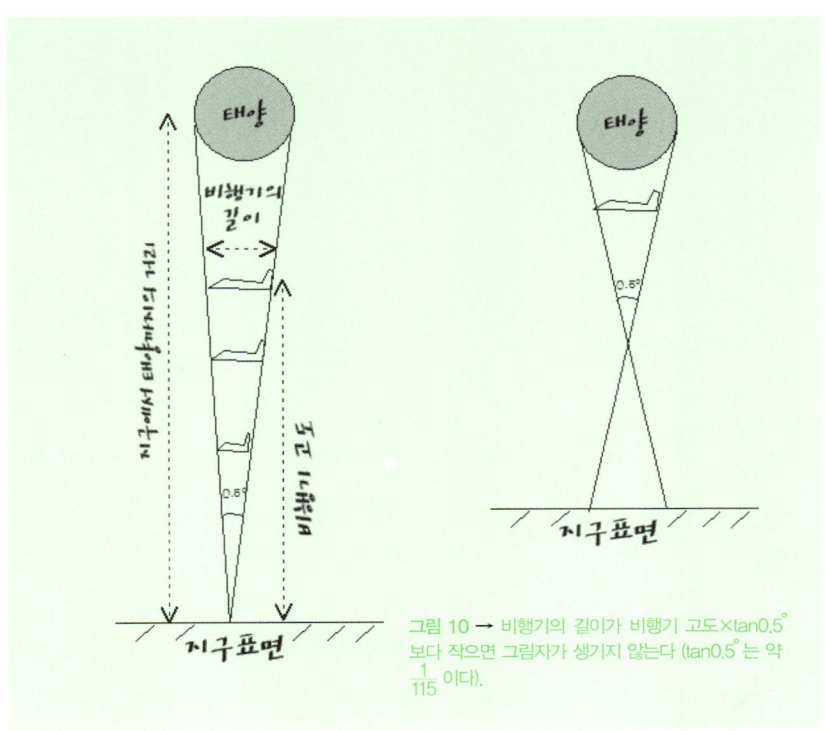

그림 10 → 비행기의 길이가 비행기 고도×tan0.5°보다 작으면 그림자가 생기지 않는다 (tan0.5°는 약 $\frac{1}{115}$ 이다).

길이는 선분 AC의 길이의 $\frac{1}{115}$ 이어야 한다.

하지만 그림 9의 선분 AC의 길이는 A에서 지구표면까지의 거리보다도 더 길다. 여기서 우리는 태양광선과 지표의 각도를 45도라고 가정해보자. 이렇게 되면 선분 AC길이(1000m의 높이에 비행기가 있다고 가정했을 때)는 약 1400m가 된다(직각 이등변 삼각형의 두 변의 길이의 제곱의 합은 빗변의 길이의 제곱과 같다). 그러므로 비행기의 길이가 $\frac{1400}{115}$=12m 보다 더 짧으면 그림자는 전혀 나타나지 않는다.

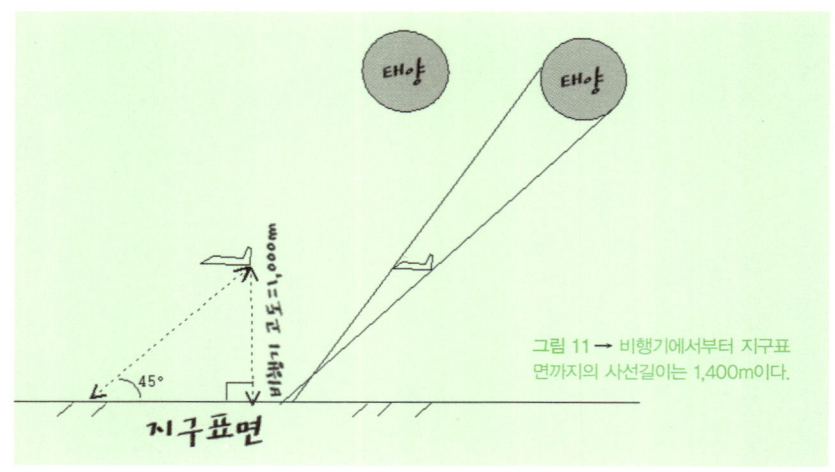

그림 11 → 비행기에서부터 지구표면까지의 사선길이는 1,400m이다.

위에 이야기된 것은 비행기의 완전한 그림자, 즉 정확하게 표현되는 그림자다. 약하거나 번지거나 흐릿한 그림자를 이야기하는 것이 아니다.

그러므로 길이가 12m보다 더 작은 물체가 1000미터 상공에 있다고 한다면 그 그림자를 우리는 전혀 볼 수 없다. 다만 흐릿한 얼룩으로 지표에 간신히 나타날 뿐이다.

10. 성냥개비 옮기기

다음 사람은 성냥갑에서 성냥개비를 꺼내어 탁자 위에다 쏟은 다음 그것을 세 무더기로 나누었다.

"모닥불을 피울 건가요?"

누군가가 농담을 하였다.

"그냥 성냥개비 수수께끼를 낼까 합니다."

문제를 내는 사람이 웃으며 답했다.

"여기 탁자 위에 있는 성냥개비를 모두 합하면 48개인데 방금 서로 개수가 같지 않도록 세 무더기로 나눠 놓았습니다. 저는 각 무더기에 얼마가 있는지를 여러분께 알려드리지 않겠습니다. 문제는 각각의 무더기마다 성냥개비가 몇 개씩 있는지를 맞히는 것입니다. 일일이 세어 보지 않고도 알 수 있는 힌트를 드릴 테니까 지금부터 제가 말씀드리는 것을 잘 기억하세요."

"음, 어서 말씀해 보세요."

"첫 번째 무더기에서 두 번째 무더기에 있는 성냥개비의 수만큼 두 번째 무더기로 옮기고, 그 다음에는 두 번째 무더기에서 세 번째 무더기에 있는 성냥개비 수만큼을 빼서 세 번째 무더기로 옮깁니다. 끝으로 세 번째 무더기에서 첫 번째의 무더기에 있는 수만큼 빼서 첫 번째 무더기로 옮기면 세 개의 무더기에 있는 성냥개비 개수는 모두가 똑같아 집니다. 그렇다면 맨 처음 각각의 무더기에는 몇 개의 성냥개비들이 있었을까요?"

풀이

이 문제의 해답은 역으로 풀어보면 나온다. 성냥개비의 이동이 모두 끝난 후 똑같은 수로 나누어져 있다는 것에서부터 시작해 보자. 이 성냥개비 전체의 수는 48개이므로 각 무더기에는 성냥이 16개씩 있게 된다.

첫 번째 무더기	두 번째 무더기	세 번째 무더기
16	16	16

이렇게 구성이 되기 전에 첫 번째 무더기에는 원래 있던 개수만큼이 더해졌다. 즉 마지막 이동을 하기 전에 첫 번째 무더기의 성냥은 16개가 아니라 8개였다. 8개를 뺀 세 번째 무더기의 성냥은 직전에 16+8=24개의 성냥개비가 있었다. 이제 우리는 다음과 같은 성냥개비 무더기를 갖게 된다.

첫 번째 무더기	두 번째 무더기	세 번째 무더기
8	16	24

다음, 우리는 바로 전에 두 번째 무더기에서 세 번째 무더기로 세 번째 무더기에 있는 만큼의 수의 성냥개비를 옮겼더니 24가 나왔다는 것을 안다. 이것은 세 번째 무더기로 성냥을 옮기기 전의 세 번째 무더기 수의 두 배이다. 여기서 우리는 첫 번째로 이동시켰을 때의 각각의 무더기의 성냥개비의 수를 알 수 있다.

첫 번째 무더기	두 번째 무더기	세 번째 무더기
8	16+12=28	12

이렇게 되었을 때 우리는 첫 번째 이동이 있기 전의 상황을 쉽게 알 수 있다. 즉 첫 번째의 이동은 두 번째 무더기에 있는 성냥개비의 수만큼 이동을 시켰다. 그래서 성냥개비는 다음과 같이 놓이게 된다.

첫 번째 무더기	두 번째 무더기	세 번째 무더기
22	14	12

11. 마법의 그루터기

"이번 수수께끼는 제가 중학교를 다닐 때 수학 선생님께서 알려주신 문제입니다."

다음 출제자가 이야기를 시작했다.

"이건 한 편의 재미있는 이야기입니다. 한 가난한 농부가 숲 속에서 낯선 노인 한 사람을 만났게 되었습니다. 그 노인은 농부에게 이런 저런 이야기를 건네면서 농부를 주의 깊게 살펴보더니 놀라운 사실을 알려주겠다고 했습니다.

'이 숲 속에는 신비한 비밀을 간직한 그루터기가 하나 있다네. 그 그루터기는 가난한 사람들을 도와준단 말일세.' 노인이 말했습니다.

'아니, 어떻게 도와준다는 건가요? 아픈 사람의 병이라도 고쳐주는 모양이지요?' 농부가 물었습니다.

'병을 고쳐주지는 않지만, 대신 돈을 두 배로 만들어주지. 그러니까 이 그루터기 앞에 돈이 들어있는 지갑을 놓고 백까지 센 다음 지갑을 열면 돈이 두 배로 늘어나 있지. 마법의 그루터기라네.' 노인이 대답했습니다.

'정말 그런 게 있다면 좋겠네요. 그러면 제가 해도 그렇게 될까요?' 순박한 농부는 놀라워하면서 물었다.

'물론 자네도 할 수 있지. 다만 대가로 돈을 좀 지불해야 하네.'

'누구에게, 얼마나 지불해야 하나요?'

'자네에게 그 마법의 그루터기가 있는 곳을 알려준 사람에게 지불해야지. 자네의 경우엔 물론 내가 되겠지. 얼마나 지불할지는 우리가 협상을

해서 결정을 하세.'

  그들은 협상을 시작했습니다. 농부의 지갑 속에 돈이 얼마 없다는 것을 안 노인은 돈이 두 배로 늘어날 때마다 1루블 20코페이카 씩의 비용을 받기로 했습니다. 협상을 마친 뒤에 노인은 깊은 숲 속으로 농부를 데리고 들어갔습니다. 두 사람은 숲 속에서 한참을 헤매다가 마침내 이끼가 잔뜩 덮여 있는 오래된 전나무 그루터기를 발견했습니다. 노인은 농부에게서 지갑을 건네받은 후 그루터기의 갈라진 곳에 지갑을 집어 넣었습니다. 농부는 떨리는 목소리로 '하나, 둘, 셋 ……' 백까지 수를 세었습니다. 농부가 수를 다 세자 노인은 그루터기를 한참 동안 더듬어서 지갑을 꺼내 농부에게 건넸습니다. 농부가 지갑을 열었을 때, 놀랍게도 지갑 속에는 두 배의 돈이 있었습니다. 농부는 기뻐하며 약속한 1루블 20코페이카를 노인에게 주었습니다. 신이 난 농부는 한 번 더 기적을 일으키는 그루터기의 갈라진 틈에 지갑을 넣어 달라고 부탁했습니다. 그리고 다시 백까지 세었습니다. 노인은 그루터기를 더듬거리기 시작했고, 돈이 두 배가 된 지갑을 꺼냈습니다. 마법은 또 한 번 일어났고 노인은 다시 1루블 20코페이카를 받았습니다.

  노인은 세 번째로 지갑을 그루터기에 넣었습니다. 돈은 다시 두 배가 되었습니다. 그런데 어이없게도 농부가 노인에게 약속한 1루블 20코페이카를 지불하자 지갑 속에는 한 푼의 돈도 남지않게 되었습니다. 빈털털이가 된 불쌍한 농부는 더 이상 두 배로 만들 돈이 없었고, 슬픔에 잠긴 채 숲을 빠져 나가야만 했습니다.

  자, 이제 여러분들은 마법의 그루터기가 가진 비밀을 눈치 챘을 것입니다. 노인이 그루터기에 지갑을 놓고 백까지 수를 세라고 한 것이나 자신이 직접 더듬거리며 지갑을 꺼낸 것이 다 이유가 있는 행동이겠죠. 제가 낼 문제는 노인의 속임수를 밝히는 것이 아니라 '농부가 불행한 일을 당하기 전에 지갑 속에 갖고 있었던 돈이 얼마일까?' 하는 것입니다."

풀이

이 문제 역시 위의 문제와 마찬가지로 역으로 계산을 하면 쉽다. 우리는 세 번째로 두 배로 만들었을 때 지갑 속에 1루블 20코페이카가 있었다는 것을 알 수 있다(노인이 받은 마지막 돈이다). 그렇다면 그 전에는 얼마가 있었을까? 물론 60코페이카이다. 이 60코페이카는 노인에게 1루블 20코페이카를 지급한 뒤에 남은 돈이다. 그러므로 지급하기 전의 지갑의 금액은 1루블 20코페이카＋60코페이카＝1루블 80코페이카이다.

1루블 80코페이카는 두 번째로 두 배로 만들었을 때 지갑 속에 있었던 돈이다. 그 전에는 노인에게 1 루블 20코페이카를 지불하고 남은 90코페이카만이 지갑 속에 있었다. 그러므로 노인에게 돈을 주기 전에 지갑 속에는 2루블 10코페이카가 있었다는 것을 알 수 있다. 그렇다면 맨 처음 지갑 속에는 얼마가 있었을까? 지갑 속에는 이 돈의 반인 1루블 5코페이카가 있었다. 바로 이 돈을 가지고 농부는 불행한 투자를 하게 된 것이다.

답을 일목요연하게 정리하면 다음과 같다.

지갑 속의 돈 ──────── 1루블 5코페이카
첫 번째 두 배로 만든 후 ── 1루블 5코페이카×2＝2루블 10코페이카

첫 번째 비용 지급	2루블 10코페이카−1루블 20코페이카=90코페이카
두 번째 두 배로 만든 후	90코페이카×2=1루블 80코페이카
두 번째 비용 지급	1루블 80코페이카−1루블 20코페이카=60코페이카
세 번째 두 배로 만든 후	60코페이카×2=1루블 20코페이카
세 번째 비용 지급	1루블 20코페이카−1루블 20코페이카=0

12. December(12월)는 '10' 이라는 뜻입니다

"전 언어학자입니다. 그래서 수학하고는 전혀 친하지 않아요. 그러니 저한테서 수학적인 문제를 기대하시지 말아 주세요."

순서에 따라 문제를 낼 차례가 된 중년의 남자가 말을 시작했다.

"저는 제가 알고 있는 언어학과 관련된 수수께끼 하나를 내겠습니다. 이 문제는 달력에 관한 문제이니 수학과 전혀 관련이 없는 것도 아닙니다."

"어쨌든 한번 내보십시오."

"12월을 영어로 December 라고 합니다. 혹시 여러분 중에 이 December 의 의미를 아시는 분이 계신지요? 없으시면 제가 설명을 드리지요. December라는 단어는 그리스어의 'deca', 즉 10이라는 뜻에서 온 것입니다. 즉 12월을 나타내는 December는 '10번째' 라는 명칭을 가진 단어인 것입니다. December는 왜 이런 명칭을 가지게 되었을까요? 이것이 제가 낼 문제입니다."

"자 이제 모두 끝났군요. 누구는 벌써 답을 알고 있을지도 모르겠네요. 어쨌든 생각을 해보시고 저녁때 뵙는 것으로 하죠."

사회자가 말했다.

"너무 골치아픈 문제들이군요."

"아니, 아닙니다, 절대로."

"난 비가 멎으면 산책이나 가야겠다."

모두들 식당에서 나가기 시작했다.

풀 이

현재 우리가 쓰고 있는 달력은 고대 로마의 달력에 그 기원을 두고 있다. 로마인들은(줄리어스 시이저 이전까지) 한 해의 시작을 1월이 아니라 3월로 생각했다. 그래서 12월이 December가 된 것이다. 이후 1월을 한 해의 시작으로 옮겼지만 명칭은 바뀌지 않은 채로 그대로 사용되고 있다. 그로 인해 달을 지칭하는 명칭과 그 명칭이 의미하는 숫자 사이에 차이가 생긴 것이다. 이렇게 명칭과 그것이 의미하는 숫자가 다른 달을 모두 찾아보면 다음과 같다.

달의 명칭	명칭의 뜻	숫자로 나타낸 달
September	7번째	9
October	8번째	10
November	9번째	11
December	10번째	12

성 경 과 　 수 학

노아의 대홍수와 수학

성경에 따르면 언젠가 비에 의해서 지구의 가장 높은 산까지 완전히 물에 잠긴 적이 있다고 한다. 신은 지구상에 인간을 창조한 것을 후회하면서 다음과 같이 이야기 했다.

"내가 지어낸 사람이지만 땅 위에서 쓸어버리리라. 공연히 사람을 만들었구나. 사람뿐 아니라 짐승과 땅 위를 기는 것과 공중의 새까지 모조리 없애버리리라."

신이 자비를 베풀고 싶었던 유일한 사람은 노아였다. 그래서 신은 노아에게 세계의 멸망을 준비하여 커다란 배(성경의 표현에 의하면 방주)를 만들라고 하면서 그 크기에 대해서 이야기를 한다.

"방주의 제도는 이러하니, 길이가 300큐빗, 폭이 50큐빗, 높이가 30큐빗이며…… 1큐빗=약 45cm"

라고 적혀 있다. 그리고 방주는 총 3층으로 되어 있었다. 하지만 노아는 이 방주를 이용해서 자신과 자신의 가족뿐만이 아니라 지구상의 모든 동물들의 종(種)을 보존해야만 했다. 신은 노아에게 모든 동물들을 한 쌍씩 싣고, 오랫동안 먹일 수 있는 먹이를 같이 실으라고 했다.

지구상의 모든 동물들을 없애기 위해서 신은 홍수를 사용하기로 하였다. 홍수는 지상의 모든 사람과 모든 동물들을 멸종시키고, 노아와 노아에 의해서 구원된 동물들은 새로운 인간과 동물의 세계를 만들어야 했다.

"이레가 지나자 폭우가 땅에 쏟아져 홍수가 났다. …… 40일 동안이나 밤낮으로 땅 위에 폭우가 쏟아져 배를 띄울 만큼 물이 불어났다. 그리하여 배는 물 위를 떠 다녔다. 물은 점점 불어나 하늘 높이 치솟은 산이 다 잠겼다. 물은 모든 산을 잠그고도 15큐빗이나 더 불어났다. 그리하여 땅 위에 있던 모든 생물이 쓸려나갔다. …… 오직 노아와 함께 배에 있었던 사람들과 생물들만 살아남았다."

라고 성경은 쓰고 있다. 성경에 따르면 물은 110일 동안 땅을 덮고 있었다. 그리고 그 후 물은 사라지고, 노아는 텅 빈 땅 위에 살기 위해서 데리고 탔던 동물들과 함께 땅에 발을 디뎠다.

이상의 이야기에서 2가지 질문을 던져보자.
1) 가장 높은 산을 덮을 정도의 엄청난 폭우가 가능할까?
2) 땅 위의 모든 동물들을 한 쌍씩 노아의 방주에 타게 만들 수 있을까?
위의 두 문제는 수학적으로 풀어볼 수 있다.

I

홍수를 일으키는 물을 어디서 얻을 수 있을까? 당연히 대기권 안에서 얻어야 한다. 그렇다면 나중에 그 물은 어디로 사라진 것일까? 모든 땅을 덮었던 물이 땅 속으로 모두 스며든다는 것은 불가능하다. 또한 그 많은 물이 지구를 떠나는 것도 당연히 불가능하다. 이 물이 사라질 수 있는 유일한 장소는 지구의 대기 속이다. 홍수를 일으킨 물은 기체가 되어서 공기 중의 구름 등으로 바뀌어야만 한다. 그렇다면 그 물은 지금도 우리가 살고 있는 대기 중에 존재해야 한다.

따라서 현재 대기권에 존재하고 있는 전체 지구를 덮었던 바로 그 기체를 물로 바꾸어서 땅 위로 내리게 한다면 지구의 모든 육지는 다시 노아의 시대와 마찬가지로 가장 높은 산까지 덮는 홍수가 일어날 것이다. 정말로 그럴까? 한번 증명해 보자.

지구과학에 관련된 책을 보면 지구 대기권의 습도가 얼마가 되는지 알 수 있다. 우리는 $1m^2$의 땅을 기준으로 해서 대기권 안의 물 분자의 무게가 평균 16kg 정도되며 그것은 절대로 25kg을 넘지 않는다는 사실을 알 수 있을 것이다.

만약 이 공기 중의 물 분자가 땅 위로 비가 되어 내리면 어느 정도의 양이 되는지 한번 살펴보자. 25kg, 즉 25,000g의 물은 $25,000cm^3$이다. 이 양은 $1m^2$ 또는 100×100 또는 $10,000cm^2$의 면적 위에서 다음과 같은 높이를 형성하게 된다.

$$25,000 \div 10,000 = 2.5cm$$

즉 2.5 cm 이상의 물이 쌓인다는 것은 불가능하다. 많은 장소에서 2.5cm보다 더 많은 양의 비가 내린다. 그것은 다른 장소에서 바람에 의해서 가져온 기체가 더해지기 때문이다. 대홍수는 성경에 따르면 동시에 전체 지구에 일어나기 때문에 한 장소가 다른 장소에 비해서 더 많은 비가 내리거나 적게 내릴 수 없다. 왜냐하면 더 이상 대기권에는 물이 없기 때문이다. 더구나 이 물의 높이는 떨어진 물이 단 한 방울도 땅으로 스며들지 않는다고 가정했을 때의 일이다.

이처럼 우리가 계산한 바에 따르면 만약 성경에 나온 대홍수가 실제로 일어났을 때, 그 물의 높이는 2.5cm밖에 되지 않는다. 여기서 우리는 에베레스트 산의 꼭대기까지 물이 차게 만드는 약 9km까지는 너무나 까마득하다는 것을 알 수 있다. 즉 성경에 씌어진 내용은 실제 가능한 것보다 정확하게 36만 배 부풀린 것이다.

게다가 정말로 전 세계에 비가 골고루 내리게 된다면 그것은 폭우가 아닌 아주 약한 가랑비가 된다. 왜냐하면 40일 동안 계속 비가 내려서 25mm의 강수량을 보여야 하니까 말이다. 즉 하루에 0.6mm 정도의 비가 내린 셈인데 하루 종일 내리는 이슬비도 이것보다 최소한 20배 이상 많은 강우량을 기록하게 된다.

II

자, 이제 두 번째 문제를 살펴보자. 땅 위의 모든 동물들을 한 쌍씩 노아의 방주에 타게 만들 수 있을까?

우선 노아가 만든 방주의 전용면적을 구해보자. 성경에 따르면 방주는 3층으로 이루어져 있었다. 그리고 그 크기는 길이가 300큐빗, 폭이 50큐빗이라고 하였다. 큐빗은 서아시아인들이 쓰던 계량단위로 약 45cm 즉, 0.45m이다. 현재의 우리가 쓰고 있는 계량 단위로 환산한 노아의 방주의 크기는 다음과 같다.

길이: 300×0.45＝135m

폭: 50×0.45＝22.5m

넓이: 135×22.5＝3,040m² (마지막 수는 반올림 하였다.)

그러므로 노아의 방주 3개 층의 전용면적은 3,040×3＝9,120m²가 된다. 이 정도의 면적에 모든 동물들을 태우는 것은 불가능하다. 이러한 면적이 지구상의 포유동물들만을 태운다고 했을 때 가능한지 살펴보자.

지구상에 존재하고 있는 포유동물들의 종류는 약 3,500종이다. 노아는 동물들뿐만이 아니라 그들에게 홍수가 지속되는 150일간 줄 먹이도 함께 실어야 했다. 그리고 육식동물의 경우 그 동물의 자리 외에 먹이인 동물들과 먹이인 동물들이 먹을 먹이도 함께 실어야만 했다.

한편 한 쌍의 동물을 태우기 위한 면적을 평균으로 계산하면 9,120÷3,500＝2.6m² 가 되지만 이 넓이조차 한 쌍의 동물에게 부족하기만 하다. 게다가 노아의 대가족이 많은 면적을 차지해야 하고 또 각각의 동물 우리마다 통로를 확보해야 한다고 생각한다면 더욱 좁아지게 된다. 포유동물들 외에도 노아의 방주에는 다양한 동물들을 위한 자리도 마련해야 한다. 그 동물들은 크기가 크지는 않지만 매우 종류가 많다. 그 수를 대충 보더라도 다음과 같다.

조 류	13,000
파충류	3,500
양서류	1,400

거미류 ——————— 16,000
곤충류 ——————— 360,000

그림 12 → 노아의 방주(오른쪽)를 현대의 배와 비교하면 그림과 같다

　포유동물에게조차 좁은 공간에 이들 모두를 태운다는 것은 불가능하다. 지구상의 모든 동물들 한 쌍씩 태우려고 한다면 노아의 방주는 훨씬 더 커야 한다. 한편 성경에서 이야기하고 있는 방주의 크기만을 가지고 이야기하더라도 약 20,000 t 급 이상의 배이므로 조선기술이 제대로 발달하지 않은 그 옛날에 이러한 배를 만들었다는 것만으로도 놀라운 이야기라고 할 수 있다. 그럼에도 불구하고 성경에 나온 방주의 크기는 너무 작다. 방주는 5개월 동안의 먹이를 보존해야 하는 완전한 동물원이 되어야 하기 때문이다.
　비록 간단히 살펴보았지만 이같은 수학의 도움을 근거로 생각해 볼 때, 노아의 대홍수는 세계 전체가 물에 잠기는 대홍수라기보다는 한 지역에 일어난 대홍수가 아니었을까?

　이처럼 수학은 우리가 주변에서 부딪히는 많은 의문에 대해 과학적인 방법으로 접근할 수 있는 사고의 틀을 제공한다. 과학적인 호기심과 탐구 정신을 갖고자 하는 많은 사람들에게 제공하는 수학의 경이로움은 바로 이런 것이 아닐까?

02

생활 속의 대수학

대수학은 수 대신 다른 문자를 사용하여 방정식을 푸는 방법을 연구하는 수학의 한 분야입니다. 영어로 대수학을 뜻하는 단어인 algebra는 페르시아의 수학자 콰리즈미의 저서 《이항과 환산에 의한 계산에 관한 요약(Kitab al-mukhasar fi hisab al-jabra wa' l muqabala)》에서 유래했습니다. 그는 대수학의 문제 풀이 절차가 마치 외과의사가 부서진 뼈의 상처를 다시 원상회복시키는 수술 과정과 비슷하다고 하여 아랍어 외과 전문용어인 '자브르'(접골, 깁스)를 빌려 대수학을 '자브르'라고 했습니다. 수 대신 다른 문자를 사용하는 것은 이미 기원전 2500~3000년경 바빌로니아인들이 사용을 하였다니 그 역사가 꽤 오래된 것입니다. 하지만 그 이후 커다란 발전을 못하다가 그리스 말기에 디오판토스의 등장으로 인해 대수학의 발전이 비약적으로 이루어졌습니다. 그리고 중세 수학이 가장 발달하였던 이탈리아에서 레오나르도 피보나치라는 사람이 그 동안의 대수학의 모든 것을 집대성함으로써 근대 대수학의 기초를 마련했습니다.

대수학은 현대 수학의 가장 기초가 되는 수학의 분야일 뿐만 아니라 물리 등 모든 과학 분야에서 중요한 역할을 하는 분야입니다.

이 장에서는 대수학 문제를 풀면서 우리의 일상 생활 속에 녹아있는 대수학을 한번 알아보도록 합니다.

1. 꼬마와 끈 이 이야기는 영국 소설가 베리 핀의 글에서 발췌한 것이다.

"끈을 또 달라고?"

침대보가 담겨있는 대야에서 손을 빼면서 엄마가 물었다.

"넌 엄마가 무슨 끈 공장인줄 아냐? 끈 줘, 끈 줘, 왜 허구한 날 끈을 달라는 거냐? 어제도 한 무더기의 끈을 줬잖아. 무얼 하는데 그렇게 많은 끈이 필요하냐? 도대체 어디다 쓰는데?"

"끈을 어디다 썼냐고?"

꼬마가 대답했다.

"첫째, 어제 준 끈은 엄마가 도로 반을 가져갔잖아…"

"아니, 그럼 난 침대보를 어디다 널란 말이냐?"

"그리고 남아 있는 것 중에서 반은 낚시를 할 때 필요하다면서 형이 가져갔어."

"그건 잘 했구나. 너희는 형제니까 서로 양보해야지."

"그래서 양보했잖아. 조금밖에 안 남았는데 아빠가 교통사고 난걸 보고 웃다가 끊어진 멜빵을 고친다고 반을 가져갔어. 그것뿐인 줄 알아. 머리 묶어야 한다며 누나가 $\frac{3}{5}$을 남기고 가져갔어."

"남은 끈으로는 뭘 했냐?"

"남은 끈이라고? 남은 끈의 길이는 겨우 30cm였어. 그걸로 뭘 할 수 있겠어."

맨 처음 꼬마가 가졌던 끈의 길이는 얼마였을까?

풀이

엄마가 반을 가져간 후 남아 있는 끈은 $\frac{1}{2}$이다. 형이 반을 가져간 후에 남아 있는 끈은 $\frac{1}{4}$이 되고, 아빠가 가져간 후의 끈은 $\frac{1}{8}$이다. 누나가 가져간 후에는 $\frac{1}{8} \times \frac{3}{5} = \frac{3}{40}$이다. 그러므로 30cm는 $\frac{3}{40}$이고 처음에 가지고 있던 끈의 길이는 $30 \div \frac{3}{40} = 400$cm 또는 4m이다.

2. 스키 경기

한 스키 선수가 계산을 해보니 10km/hr의 속력으로 달린다면 정오보다 한 시간 늦은 시간에 목적지에 도착을 하고, 15km/hr의 속력으로 달린다면 정오보다 한 시간 빠른 시간에 목적지에 도착하게 된다. 스키선수가 정오에 목적지에 정확하게 도착하기 위해서는 몇 km/hr의 속력으로 달려야 할까?

풀 이

그림 1 → 스키선수는 시속 몇 km로 달려야 할까?

이 문제는 두 가지 관점에서 바라볼 수 있다. 첫째, 우리는 나와 있는 속력을 가지고, 즉 10km/hr의 속력과 15km/hr의 중간인 12.5km/hr라고 이야기하기 쉽다. 이것이 틀린 답이라는 것을 증명하는 것은 어렵지 않다. 달린 거리를 akm라고 한다면, 스키 선수가 15km/hr의 속력으로 달렸다면 그가 목적지에 도착하기 위해서는 $\frac{a}{15}$ 시간이 걸리고, 10km/hr의 속력으로 달렸다면 $\frac{a}{10}$ 시간이 걸리며, 12.5km/hr의 속력으로 달렸다면 $\frac{a}{12.5}$ 또는 $\frac{2a}{25}$ 시간이 걸린다. 이런 경우 다음과 같은 식이 성립한다.

$$\frac{2a}{25} - \frac{a}{15} = \frac{a}{10} - \frac{2a}{25}$$

왜냐하면 양변은 1시간 씩의 똑같은 시간의 차이를 나타내기 때문이다.

여기서 미지수 a를 생략하면 $\frac{2}{25} - \frac{1}{15} = \frac{1}{10} - \frac{2}{25}$ 이다.

또는 이 식을 정리하면 $\frac{4}{25} = \frac{1}{15} + \frac{1}{10}$ 이다.

하지만 이 식은 성립하지 않는다.

$\frac{1}{15} + \frac{1}{10} = \frac{1}{6}$, 즉 $\frac{4}{24}$ 이지 $\frac{4}{25}$ 가 아니다.

둘째, 이것은 식을 만들어서 계산해보지 않아도 암산으로 충분히 계산이 가능한 것이다.

한번 알아보자. 만약 스키 선수가 15km/hr의 속력으로 두 시간을 더 달렸다면 그는 30km를 더 달렸을 것이다. 그리고 우리는 15km/hr의 속력으로 달리면 10km/hr의 속력으로 달렸을 때 보다 한 시간에 5km씩 더 간다는 것을 알고 있다. 그러므로 15km/hr의 속력으로 달린 총 시간은 30÷5＝6시간이다. 여기서 우리는 15km/hr의 속력으로 달렸을 때의 거리를 계산할 수 있다. 즉 2 시간을 더 달렸으니 6－2＝4시간이면 목적지에 도달하게 된다. 그러므로 4시간 동안 달린 거리는 15×4＝60km 이다.

이제 우리는 정확하게 정오에 목적지에 도착하기 위해서는 몇 km/hr의 속력으로 60km의 거리를 5시간 달리면 되는지를 알면 된다. 그것은 60÷5＝12, 즉 12km/hr의 속력으로 5시간을 달리면 정오까지 60km의 거리를 달릴 수 있다.

실험을 해본다면 이 답이 옳은 것을 쉽게 알 수 있다.

3. 보고서 쓰기

2명의 기술자가 보고서를 써야 한다. 한 사람은 경험이 많이 있어서 2시간에 이 보고서를 쓸 수 있고, 다른 사람은 경험이 적어 3시간 정도 걸린다. 만약 가장 짧은 시간에 보고서 쓰기를 끝마치려면 두사람이 어떻게 보고서를 나누어 쓰는 것이 좋을까?

이 문제는 보고서를 한 시간에 얼마나 쓸 수 있는가를 알아보는 것이 그 열쇠이다. 그렇게 나온 2개의 답을 더한 뒤 이것을 단위로 설정을 한다. 이것과는 다른 새로운 방법으로 이 문제를 풀 수 없을까?

풀이

형식에 얽매이지 않고 문제를 풀어보기로 하자.

우선 문제를 '2명의 기술자가 똑같이 일을 끝내기 위해서는 어떻게 일을 나누어야 하는가'라고 바꾸자. 왜냐하면 이렇게 둘이 똑같이 일이 끝나게 나누는 것이 가장 단시간에 일을 끝내는 것이기 때문이다. 경험이 많은 기술자가 경험이 없는 기술자보다 1.5배 빠르게 작업을 하므로 전자가 후자의 1.5배 양을 가지고 작업을 한다면 일이 똑같이 끝난다. 그러므로 전자는 $\frac{3}{5}$을 후자는 $\frac{2}{5}$를 쓰면 된다.

이제 문제는 거의 해결된 것이나 다름없다. 이제 남은 것은 '경험이 많은 기술자가 자기가 맡은 $\frac{3}{5}$을 얼마나 빨리 끝내는가' 이다. 우리는 경험이 많은 기술자가 전체 작업을 하는데 두 시간이 걸린다는 것을 알고 있다. 그러므로 $\frac{3}{5}$의 작업은 $2 \times \frac{3}{5} = 1\frac{1}{5}$시간 동안 할 수 있다. 그 시간 동안 두 번째 기술자도 자기가 맡은 일을 해낼 수 있다. 그러므로 가장 짧은 시간은 두 기술자가 똑같이 1시간 12분 동안 일을 하면 된다.

4. 톱니바퀴
– 별의 하루는 왜 태양의 하루보다 짧은가?

8개의 톱니가 있는 바퀴가 24개의 톱니가 있는 바퀴와 물려져 있다.(그림 2). 큰 바퀴를 돌리게 되면 작은 바퀴는 큰 바퀴를 돌게 된다.

큰 톱니바퀴 주위를 작은 톱니바퀴가 한 바퀴 도는 동안 작은 톱니바퀴는 몇 번을 회전하게 될까?

풀 이

만약 당신이 작은 톱니바퀴가 3번 회전할 것이라고 생각을 한다면 오류를 범하는 것이다. 작은 톱니바퀴는 3번이 아니라 4번 회전한다.

쉽게 이해하기 위해서 종이 위에 두 개의 똑 같은 동전을 놓아보아라. 예를 들어서 그림 3과 같이

그림 2

20코페이카 동전 두 개가 있다고 하자. 아래쪽의 동전을 잡고 위의 동전을 한번 그 동전 위로 돌려보아라. 아마도 당신은 뜻밖의 결과를 보게 될 것이다. 위에 있는 동전이 아래 동전의 아래 부분으로 왔을 때 이미 위의 동전이 1바퀴를 회전한 것을 보게 된다. 그것은 숫자를 가지고 판단할 수 있다. 움직이지 않는 동전을 1바퀴 돌리면 위의 동전은 1회전이 아니라 2회전을 하게 된다.

일반적으로 원을 그리며 돌 때 1바퀴를 돌게 되면 생각한 것보다 1바퀴 더 돌게 된다. 그러한 이유 때문에 태양과의 관계에서 계산하지 않고 별들과의 관계 속에서 계산을 한다면 지구가 공전을 할 때 자전 수는 365.25 바퀴가 아니라 366.25바퀴를 돌게 된다. 이제 여러분은 왜 태양의 하루보

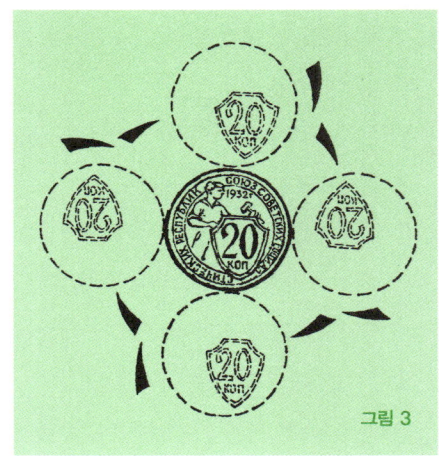

그림 3

다 별의 하루가 더 짧은지 알 수 있을 것이다.

5. 쇼핑을 하며 쓴 돈

쇼핑하러 가는 내 지갑에는 1루블 지폐들과 20코페이카 동전들이 있는데 두 종류의 돈을 합쳐서 약 15루블 정도의 돈이 있었다. 집으로 돌아오는 내 지갑에는 처음에 가지고 있던 20코페이카 동전 개수만큼의 1루블 지폐가 있었으며, 1루블 지폐의 개수만큼 20코페이카 동전을 가지고 있었다. 내 지갑 속에 남아 있는 돈은 처음에 내가 가지고 있었던 돈의 $\frac{1}{3}$이었다. 내가 쇼핑을 하면서 쓴 돈은 얼마일까?

풀이

처음에 가지고 있었던 돈 중 루블을 x라고 하고 20코페이카 동전을 y라고 하자. 1루블은 100코페이카 이므로 쇼핑을 가는 내 지갑에는 $100x+20y$ 코페이카가 있었다. 그리고 쇼핑에서 돌아오는 내 지갑에는 $100y+20x$ 코페이카가 있다.

뒤의 액수가 앞의 액수의 $\frac{1}{3}$이라는 것을 우리는 알고 있으므로
$3(100y+20x)=100x+20y$

이 방정식을 정리하면 $x=7y$ 가 된다.

만약 $y=1$ 이면 $x=7$ 이다. 이렇게 하였을 때 내가 처음에 가지고 있었던 돈은 7루블 20코페이카이다. 이 답은 약 15루블을 가지고 있었다는 조건에 맞지 않는다.

그러면 $y=2$ 이면 $x=14$ 이다. 처음의 액수는 14루블 40코페이카가 된다.

이것은 주어진 조건에 맞는다.

그 다음 $y=3$ 이라고 계산을 하면 21루블 60코페이카로 조건에 맞지 않는다.

그러므로 주어진 조건을 충족하는 것은 14루블 40코페이카이다. 쇼핑을 하고 난 후 내 주머니에 남아 있는 돈은 2루블과 14개의 20코페이카 동전이다. 즉 200+280=480코페이카이다. 이 액수는 실제로 처음의 $\frac{1}{3}$밖에 되지 않는다(1440÷3=480). 쇼핑을 하기 위해서 사용한 돈은 1440-480=960, 즉 9루블 60코페이카이다.

6. 장화의 개수
<small>이 문제는 영국의 월간지 〈스트렌드 메거진〉에서 발췌한 것이다.</small>

한 마을에 살고 있는 사람들의 $\frac{1}{3}$이 다리가 하나 없고, 나머지 중의 반은 맨발로 다니는 것을 좋아한다. 마을 사람들 전체가 사용하려면 얼마나 많은 장화를 준비해야 하는가?

풀이

마을에 살고 있는 인구수를 모르기 때문에 이 문제의 대답은 '마을에 살고 있는 인구수만큼 필요하다'라고 하기만 하여도 가능하다. 자세히 살펴보자. 마을에 살고 있는 인구수를 n이라고 가정하자. 그렇다면 다리 하나만 가지고 있는 사람들을 신기기 위해서 $\frac{n}{3}$개의 장화가 필요하다. 나머지 $\frac{2n}{3}$의 주민들에게 필요한 장화의 수는 정확하게 $\frac{n}{3}$이다. 하지만 이들은 한 켤레 즉 두 개의 장화가 필요하므로 $\frac{2n}{3}$개의 장화가 필요하다. 그러므로 주민

전체를 위해서는 $\frac{2n}{3} + \frac{n}{3} = n$
즉 마을에 살고 있는 인구수만큼 필요하다.

7. 머리카락의 수명

인간의 머리에는 머리카락이 몇 개 있을까? 약 십오만 개가 있다고 한다. 그리고 매월 약 삼천 개의 머리카락이 빠진다고 한다. 이 자료를 근거로 했을 때 얼마나 오랫동안 머리카락이 머리에 살아 있는 것일까?

풀이

오늘 이제 막 생긴 머리카락일수록 늦게 머리에서 빠진다. 그렇다면 오늘 막 생긴 머리카락의 순서가 어떻게 오는지 한번 알아보자. 첫 번째 달에 십오만 개의 머리카락 중에서 오늘 삼천 개의 머리카락이 빠진다. 처음 두 달에는 육천 개, 일 년 동안은 삼천의 12배, 즉 삼만육천 개가 빠진다. 그렇게 되면 4년 조금 지나면 모든 머리카락이 빠지고 오늘 나온 머리카락의 순서가 온다. 즉 우리 머리카락의 평균 수명은 4년 조금 넘는다.

8. 월급

지난 달 내 월급은 보너스까지 포함해서 250루블이었다. 내 기본급은 보너스보다도 200루블 많다. 보너스가 없는 내 월급은 얼마일까?

풀 이

대부분의 사람들은 생각해보지도 않고 200루블이라고 말한다. 하지만 이것은 정답이 아니다. 그렇게 되면 기본급이 보너스보다 150루블이 많은 것이지 200루블 많은 것이 아니기 때문이다.

이 문제는 다음과 같이 풀어야 한다. 우리는 보너스에 200루블을 더하면 기본급이 나온다는 것을 알고 있다. 그렇기 때문에 250루블에 200루블을 더하면 두 배의 기본급이 나온다. 250+200=450, 즉 기본급의 두 배는 450루블이다. 그래서 보너스가 없는 기본급은 225루블이다. 보너스는 250루블에서 기본급을 뺀 25루블이 된다.

증명을 해보자. 기본급이 225루블이고 보너스가 25루블이면 차이는 200루블이 된다. 이것은 문제의 요구 조건을 충족한다.

9. 두 명의 기술자

나이든 기술자 한 명과 젊은 기술자 한 명이 같은 집에 살면서 같은 공장에서 일을 한다. 젊은 기술자는 공장까지 가는데 20분이 걸리며, 나이든 기술자는 30분이 걸린다. 만약 나이든 기술자가 젊은 기술자 보다 5분 먼저 집에서 출발한다면 몇 분 후에 젊은 기술자는 나이든 기술자를 따라 잡을까?

풀 이

이 문제는 방정식을 만들지 않고도 여러 가지 방법으로 답을 구할 수 있다.

첫 번째 방법을 보자. 젊은 기술자는 5분 동안 전체의 $\frac{1}{4}$을 가고 나이든 기술자는 전체의 $\frac{1}{6}$을 간다. 즉 나이든 기술자는 젊은 기술자보다 $\frac{1}{4} - \frac{1}{6} = \frac{1}{12}$ 만큼 적게 걸어간다.

나이든 기술자가 젊은 기술자보다 $\frac{1}{6}$ 거리만큼 먼저 출발하는 것이므로 젊은 기술자는 $\frac{1}{6} \div \frac{1}{12} = 2$, 즉 10분 후면 따라 잡는다.

두 번째는 좀 더 쉽게 풀어보자. 나이든 기술자는 전체 거리를 가기 위해서 젊은 기술자보다 10분을 더 걸어야만 한다. 만약 나이든 기술자가 10분 먼저 출발한다면 두 사람은 동시에 공장에 도착할 것이다. 만약 5분만 먼저 갔다면 정확하게 중간지점에서, 즉 10분 후에 만나게 된다(전체 거리를 젊은 기술자는 20분 만에 걸어간다).

다른 수학적 방식으로도 가능하다. 그것은 여러분이 한번 알아보기 바란다.

10. 몇 살일까?

수수께끼를 좋아하는 한 사람에게 나이가 몇 살이냐고 물어보았다. 대답은 복잡하였다.

"내 나이에 3을 더하고 3을 곱한 수에서 내 나이에서 3을 뺀 후 3을 곱한 수를 빼면 내 나이입니다."

그는 지금 몇 살일까?

풀이

3^2년이 지나면 그의 나이는 지금보다 9년이 더 많다. 그리고 3^2년 전에 그

는 지금보다 9년이 어리다. 둘의 차이는 9+9, 즉 18년이다. 이것이 질문의 조건을 충족하는 질문한 사람의 나이이다.

일차방정식을 이용한다면 이 문제는 아주 간단하게 풀 수 있다. 즉 물어보는 사람의 나이를 x라고 하자. 3년 후의 나이는 $x+3$이고, 3년 전의 나이는 $x-3$이다. 그러므로 다음과 같은 x에 관한 일차방정식이 성립한다.

$3(x+3)-3(x-3)=x$

이 일차방정식을 풀면 $x=18$이 나온다. 수수께끼를 좋아하는 사람의 나이는 현재 18살이다. 증명해보자. 3년 뒤에 그는 21살이 되고, 3년 전에 그는 15살 이었다. 그 차이는 3×21-3×15=63-45=18, 즉 현재 그의 나이와 같다.

11. 이바노프 부부

"이바노프씨는 몇 살이죠?"

"한번 알아보죠. 내가 기억하기로 이바노프씨는 18년 전에 결혼했을 때 자기 아내 나이보다 3배가 많았습니다."

"죄송합니다만, 제가 알기로 이바노프씨는 현재 자기 아내의 나이보다 2배가 많은 것으로 알고 있습니다. 재혼을 한 건가요?"

"아니요. 같은 사람입니다. 그러므로 우리는 이바노프씨가 몇 살인지 그의 아내가 몇 살인지 쉽게 알 수 있죠."

독자 여러분들도 맞힐 수 있을 것이다.

풀 이

앞의 문제와 마찬가지로 복잡하지 않은 방정식으로 문제를 풀 수 있다. 만약 현재의 아내의 나이를 x 라고 하면 남편의 나이는 $2x$ 이다. 18년 전에 그들의 나이는 지금보다 18세 적다. 즉 남편은 $2x-18$ 이고 아내는 $x-18$ 이다. 그리고 우리는 그때 남편의 나이가 아내의 나이보다 3배 많았다는 것을 알고 있다.

$3(x-18)=2x-18$

이 일차방정식을 풀어보면 $x=36$ 이 나온다. 즉 아내의 나이는 36살이며 남편의 나이는 72세이다.

12. 게임

나와 내 친구가 게임을 시작했을 때 우리는 똑같이 돈을 가지고 있었다. 첫 게임에서 나는 20 코페이카를 땄다. 두 번째 게임에서는 첫 번째 게임 후 내가 가지고 있는 돈의 $\frac{2}{3}$ 를 잃었다. 그때 내가 가지고 있는 돈은 친구가 가지고 있는 돈의 $\frac{1}{4}$ 이었다. 우리는 얼마를 가지고 게임을 시작했을까?

풀 이

맨 처음 두 사람은 x 코페이카 만큼의 돈을 가지고 있었다고 하자. 첫 번째 게임이 끝난 후 한 사람이 가지고 있는 돈은 $x+20$ 이고 다른 사람이 가지고 있는 돈은 $x-20$ 이었다. 두 번째 게임이 끝난 후 앞에서 이긴 사람은 자기 돈의 $\frac{2}{3}$를 잃었다. 그러므로 그에게 남아 있는 돈은 $\frac{1}{3}(x+20)$ 이다. $x-20$을 가지고 있던 친구는 $\frac{2}{3}(x+20)$을 더 가지고 있게 되었다.

그러므로 $x-20+\frac{2}{3}(x+20)=\frac{5x-20}{3}$를 가지고 있다.

우리는 첫 번째 사람이 두 번째 사람 보다 $\frac{1}{4}$배 적게 돈을 가지고 있다는 것을 알고 있다. 그러므로 $\frac{4}{3}(x+20)=\frac{5x-20}{3}$ 이다.

이것을 계산하면 $x=100$이다. 처음에 두 사람이 가지고 있었던 돈은 100코페이카, 즉 1루블이었다.

측량과 수학

자 없이 계산하기

막대자 또는 줄자를 항상 들고 다니는 사람은 없다. 그렇기 때문에 이런 것 없이 길이를 잴 수 있다면 아주 편리할 것이다. 예를 들어서 어디를 관광하다가 길이나 거리를 재고 싶은 경우 무엇보다도 쉬운 방법은 발걸음 수로 그 길이를 재는 것이다. 그러려면 자신의 발걸음 길이가 얼마나 되는지 알고 발걸음 수를 셀 줄 알면 된다. 물론 항상 같은 답이 나오지는 않는다. 작게 발걸음을 옮길 수도 있고 크게 발걸음을 옮길 수도 있다. 하지만 일반적인 상황에서 평균적인 발걸음을 생각한다면 거의 비슷하다. 그러니까 그 대충의 값을 안다면 커다란 오차 없이 길이를 잴 수 있다.

자기의 발걸음 길이가 얼마나 되는지 알기 위해서는 몇 걸음을 걸은 다음에 그 길이를 알아보고 평균을 구하면 된다. 물론 이런 경우에는 줄자 등의 도구가 있어야 한다.

줄자를 펴서 20m를 잰 다음 긴 선을 그려라. 그리고 줄자를 치운다. 이제는 일반적인 발걸음으로 이 길이를 걸어간다. 온 걸음 하나로 끝나지 않을 경우가 있다. 이런 경우에 마지막으로 남은 부분은 반올림을 하면 된다. 그리고 20m를 몇 걸음을 걸었는지 센 것을 나눈다면 한걸음의 평균길이가 나온다. 이 길이를 기억하고 있으면 길이를 잴 때 아주 유용하게 사용할 수 있다. 아울러 예전부터 성인의 발걸음은 눈에서 발끝까지 길이의 정확하게 반이라고 알려져 있다.

또 다른 오래된 계산 방법은 걷는 속도와 관계되어 있다. 사람이 한 시간에 걸어갈 수 있는 거리는 그가 3초에 걸어간 걸음의 수와 같다. 이것은 큰 보폭으로 일정한 거리를 걸어간 것을 계산한다면 쉽게 증명할 수 있다. 예를 들어서 보폭을 xm 라고 하고 3초에 옮긴 걸음 수를 n이라고 가정하자. 그러면 3초에 간 거리는 nxm가 된다. 한 시간은 3,600초 이므로 한 시간에 걸은 거리는 $1,200nx$m 또는 $1.2nx$km가 된다. 이것이 올바른 식이 되려면 3초에 움직인 걸음의 수가 $1.2nx=n$ 에서 $1.2x=1$의 일차방정식이 성립된다. 여기에서 우리는 $x=0.83$m라는 답을 구하게 된다.

그림 4 → 한 손을 곧게 뻗은 후 반대편 손의 어깨까지의 길이를 잰다. 성인 남자의 이 길이는 대략 1m가 된다.

만약 첫 번째 법칙이 사람의 키와 보폭에 의해서 다르게 나타난다면, 바로 위에서 살펴본 두 번째 법칙은 중간 키의 사람, 즉 175cm의 키의 사람에게 적용된다.

II

어떤 물건의 길이를 재려고 하는데 손에 자가 없는 경우에는 다음과 같이 하면 된다. 즉 끈이나 막대기를 가지고 한 손을 곧게 뻗은 후 반대편

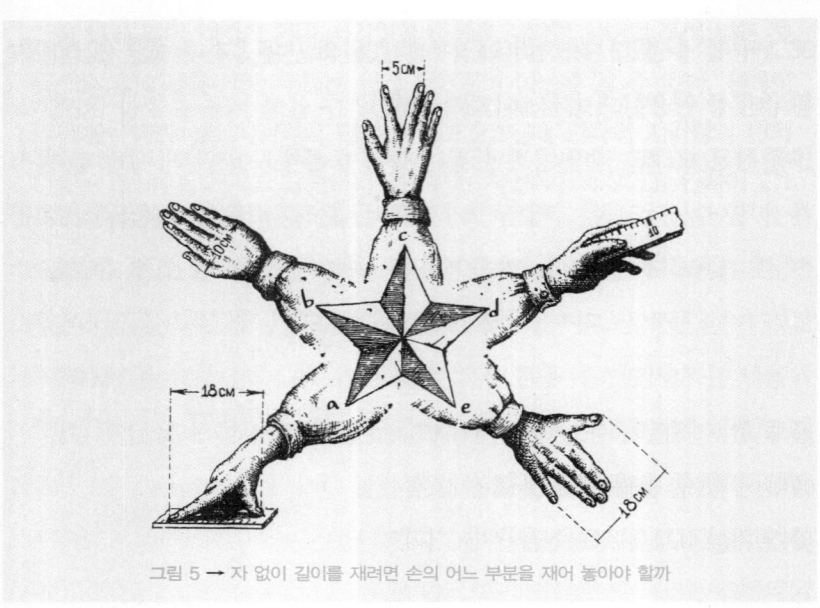

그림 5 → 자 없이 길이를 재려면 손의 어느 부분을 재어 놓아야 할까

손의 어깨까지의 길이를 잰다 (그림 4). 성인 남자의 이 길이는 대략 1m가 된다.

약 1m의 길이를 재는 방법에는 6뼘을 똑바로 재면 된다. 즉 엄지에서 검지 손가락을 최대한 벌려서 (그림 5a) 6번을 재면 된다.

마지막으로 맨손으로 길이를 재는 방법에 대해서 이야기하겠다. 이것을 위해서는 자신의 손을 재어본 후 정확하게 기억을 하기만 하면 된다.

그렇다면 손의 어느 부분을 재어야 할까? 무엇보다도 손의 폭을 그림 5b와 같이 재어본다. 일반적으로 성인 손의 폭은 10cm이다. 하지만 당신 손의 폭은 적을 수도 있다. 그렇기 때문에 얼마나 적은지 알아놓아야 한다. 그리고 다음에 당신의 검지 손가락과 중지 손가락의 간격을 최대한 벌린 다음에 간격이 얼마나 되는지 재어 놓는다(그림 5c). 그리고 그 다음에는 당신의 검지 손가락의 길이가 얼마나 되는지 재어본다. 이것은 그림 5d와 같이 검지 손가락이 시작 되는 부분에서부터 잰다. 그리고 마지막으로 엄지 손가락과 새끼 손가락을 최대한 벌린 다음에 그림 5e와 같이 그 길이를 잰다.

　이렇게 측정된 '살아있는 측량기'를 가지고 당신은 크지 않은 물건들의 길이를 거의 정확하게 잴 수 있다.

　이 외에도 작은 물건을 재기 위해서는 우리가 쓰고 있는 동전을 사용하면 된다. 동전의 지름을 정확하게 안다면 그 동전을 가지고 짧은 길이를 정확하게 잴 수 있다.

03

생활 속의 기하학(1)

공간의 성질과 공간 안의 물체에 대한 성질을 다루는 수학의 주요분야를 기하학이라고 합니다. 기하학은 대수학과 함께 수학의 가장 오래된 분야 중의 하나로 고대 이집트와 메소포타미아까지 그 역사를 살필 수 있습니다. 영어로 기하학을 뜻하는 단어인 Geometry는 그리스어에서 유래한 것인데 Geo(토지)와 metry(측량한다)가 합해져서 이루어진 말입니다.

그리스인들에 의해서 B.C. 1000년경 기초가 설립된 기하학은 이후 평면기하학(평평한 면에 관한 연구)과 입체기하학(3차원 입체에 관한 연구)뿐만 아니라 추상적인 관념과 상(image)에 까지도 그 분야를 넓히며 해석기하학, 대수기하학 등이 생겨났습니다.

이 장에 수록된 문제들을 풀기 위해서 기하학을 잘 알아야 할 필요는 없습니다. 기하학이 무엇인지 알고 있으면 충분히 풀 수 있는 문제들 입니다. 문제들을 풀어보면 당신이 알고 있다고 생각하는 기하학이 어느 수준인지 알 수 있습니다.

1. 돋보기를 통해서 본 각도

4배로 확대되게 보이는 돋보기를 통해서 $1\frac{1}{2}$도의 각도가 보인다. 실제 각도는 얼마일까(그림 1)?

그림 1 → 돋보기를 통해서 보면 각도는 어떻게 변할까?

풀이

만약 돋보기로 본 각이 $1\frac{1}{2} \times 4 = 6$도 라고 생각한다면 잘못 생각한 것이다. 각도는 돋보기로 보더라도 변화가 없다. 돋보기로 보면 각이 크게 보인다. 하지만 그만큼 지름의 길이가 길어지기 때문에 각도는 전혀 변함이 없다. 그림 2는 이것을 설명해 준다.

그림 2

각도가 커질 수 없는 것은 돋보기로 볼 때 도형은 기하학적으로 닮은꼴 도형이 되기 때문이다. 만약 다각형에서 각도가 4배로 각각 늘어난다고 한다면 한 각이 360도인 정사각형 또는 세 각의 크기의 합이 정삼각형보다 8배 큰 삼각형이 나온다는 말이다!

2. 연필에는 몇 개의 면이 있나?

대부분의 사람들이 쉽게 함정에 빠지는 질문이 있다. "육각형 연필에는 몇 개의 면이 있을까?" 답을 보기 전에 한 번 더 주의 깊게 문제를 읽어보라.

풀이

이 문제는 말에 함정이 있다. 대부분의 사람들이 생각하듯이 육각형의 연필의 면은 6개가 아니라 8개이다. 즉 6개의 옆면과 위, 아래의 면을 가지고 있다. 만약 정말로 6면을 가지고 있으려면 전혀 다른 모양이 되는데, 그것은 장방형의 물건이다.

3. 초승달을 2개의 직선으로 나누면?

그림 3

초승달 모양(그림 3)을 2개의 직선을 이용해서 여섯 부분으로 나누어 보아라. 어떻게 하면 될까?

풀이

그림 4와 같이 하면 된다. 이렇게 하면 번호로 붙여진 것과 마찬가지로 여섯 등분이 된다.

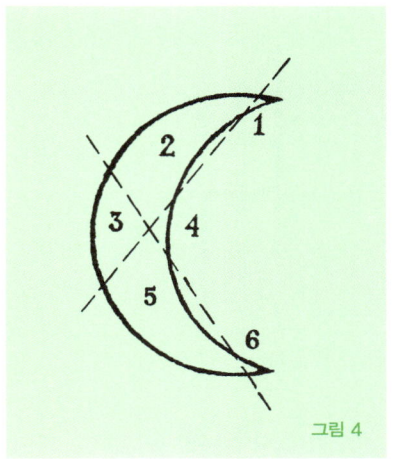

그림 4

4. 12개의 성냥개비

12개의 성냥개비를 가지고 그림 5와 같이 십자가를 만들 수 있다. 그 면적은 정확하게 성냥개비 하나를 한 변으로 하는 정사각형 5개의 면적과 같다. 성냥의 위치를 바꾸어서 그 넓이가 성냥개비 하나를 한 변으로 하는 정사각형 4개의 면적과 같게 만들어라. 단, 측량 도구를 사용해서는 안된다.

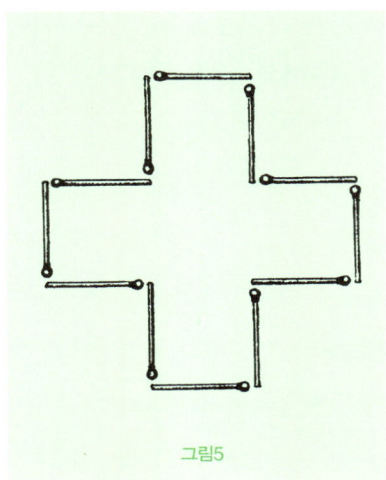

그림5

풀이

그림 6의 왼쪽과 같이 성냥을 놓으면 된다. 이렇게 하면 정확하게 그 면적

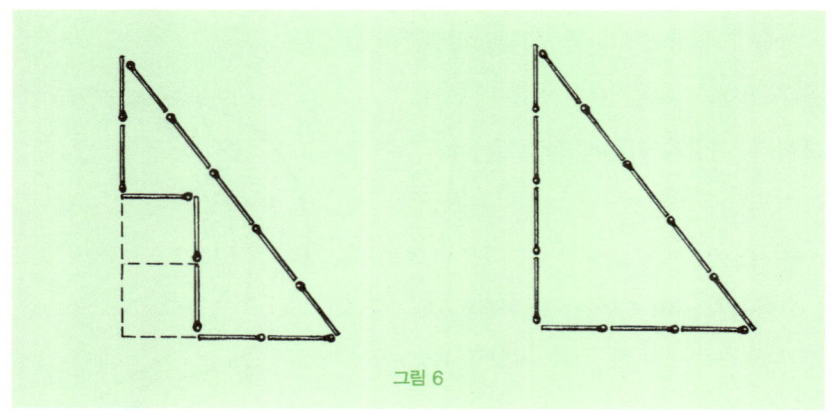

그림 6

이 한 개의 성냥을 한 변으로 하는 정사각형 4개의 넓이와 같다. 어떻게 증명할 수 있을까?

먼저 이 모양을 삼각형으로 만들어보자. 이렇게 되면 직각 삼각형이 나온다. 밑변은 3개의 성냥개비이고 높이는 4개의 성냥개비이다. _{독자들은 "피타고라스의 정리"를 알고 있을 것이다. 이 정리에 따라서 우리는 삼각형이 직각 삼각형임을 알 수 있다. 즉 $3^2+4^2=5^2$ 이다.} 밑변과 높이를 곱한 후 2로 나누면 삼각형의 넓이가 나온다. 즉 $3 \times 4 \times \frac{1}{2} = 6$ 이다. 그러므로 이 삼각형의 넓이는 1개의 성냥개비로 한 변을 이루는 정사각형 6개의 넓이가 나온다. 그림 6의 왼쪽은 이 넓이에서 1개의 성냥개비로 한 변을 이루는 정사각형 2개를 뺀 것과 같다. 즉 4개가 나온다.

5. 8개의 성냥개비

8개의 성냥개비로 다양한 모양의 다각형을 만들 수 있다. 그 중의 몇 가지를 우리는 그림 7에서 볼 수 있다. 각각의 면적은 모두 틀리다.

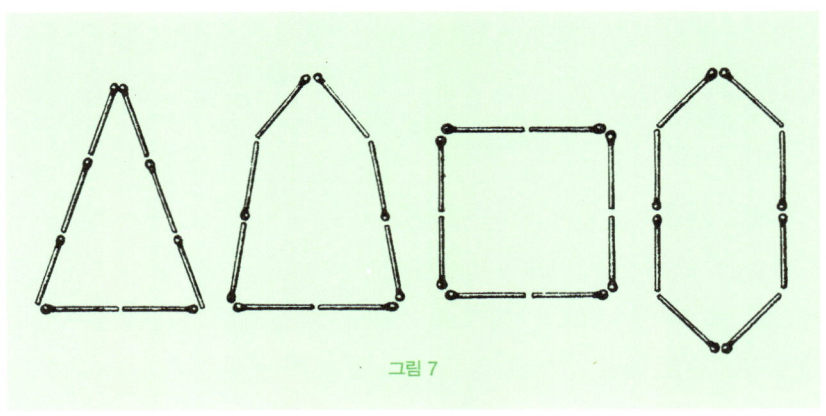

그림 7

그렇다면 8개의 성냥개비로 만들 수 있는 다각형 중 면적이 가장 넓은 것을 어떻게 만들어야 할까?

풀이

변의 길이가 같은 모든 도형 중에서 원의 넓이가 가장 넓다는 것을 우리는 알고 있다. 하지만 성냥으로 원을 만들 수 없다. 성냥개비 8개로 만들 수 있는 도형 중 가장 원에 가까운 도형은 정팔각형으로 그림 8과 같다.

이 문제는 카르타고 왕국의 건국 신화를 생각나게 한다. 페니키아 왕의 딸 디도는 오빠인 피그말리온이 남편을 살해하자 아프리카 해안으로 달아났다. 디도는 그곳의 추장 이아르바스로부터 땅을 사들이는데 이아르바스는 '한 마리 황소 가죽으로 덮을 수 있는 땅'만큼 주기로 하였다. 계약이 체결되고

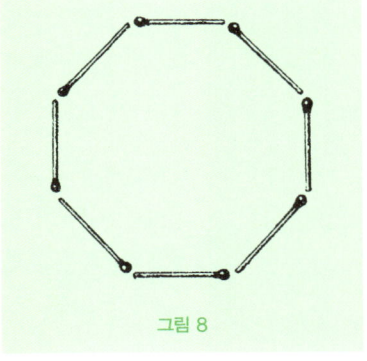

그림 8

디도는 황소가죽을 가늘게 자르기 시작했고 이렇게 해서 성을 세우는데 충분한 땅을 사들였다. 이런 식으로 카르타고 성이 생겨났고 그 주위에 도시가 생겼다. 영리한 디도는 얼마나 많은 땅을 살 수 있었을까? 만약 한 마리의 황소 가죽의 면적이 $4m^2$였다면 이것은 $4,000,000mm^2$이다. 1mm의 두께로 황소가죽을 오려낸다면 4,000,000mm 또는 4km의 가죽 끈을 만들 수 있다. 이 가죽 끈으로 사각형을 만든다면 $1km^2$의 넓이를 가질 수 있었다. 하지만 만약 디도가 가죽 끈으로 원을 만들었다면 더 많은 땅을 가질 수 있었다(약 $1.3km^2$).

6. 닮은꼴 – 액자와 삼각자

이 문제는 기하학에서 닮은꼴이 무엇인지를 알고 있는 사람들을 위한 문제이다. 다음의 두 문제에 답을 해보아라.

그림 9 → 안쪽과 바깥쪽의 삼각형은 닮은꼴인가?

1) 제도용 삼각자 모양(그림 9)에서 안쪽과 바깥쪽의 삼각형은 닮은꼴인가?

2) 액자 모양(그림 10)에서 안쪽과 바깥쪽의 사각형은 닮은꼴인가?

그림 10 → 안쪽과 바깥쪽의 사각형은 닮은꼴인가?

풀이

제시되어 있는 두 문제에 대해서 대부분은 그렇다고 대답을 한다. 하지만 실제로는 삼각형의 경우만 닮은꼴이다. 액자의 바깥 사각형과 안쪽 사각형은 닮은꼴이 아니다.

삼각형이 닮은꼴이 되기 위해서는 각만 같으면 된다. 안의 삼각형의 변은 바깥 삼각형의 변과 평행하게 그려져 있기 때문에 이 둘은 닮은꼴이다. 하지만 다른 다각형의 경우는 각이 같다고 해서 닮은꼴이라고 할 수 없다. 또는 변이 서로 평행하므로 닮은꼴이라고 할 수 없다. 이 경우에는 변의 비율이 같아야만 한다. 안쪽 사각형과 바깥쪽 사각형이 닮은꼴이 되려면 정사각형(모든 정방형의 다각형은 가능하다) 이어야 한다. 그렇지 않은 경우 바깥쪽 사각형과 안쪽 사각형은 변의 비율이 같지 않다. 그러므로 닮은꼴이 될 수 없다.

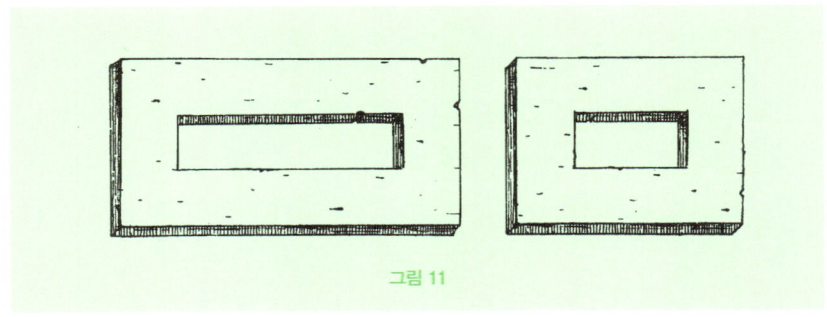

그림 11

그림 11과 같이 액자의 안쪽 사각형과 바깥쪽 사각형 사이의 폭이 넓은 것을 가지고 이것을 보면 우리는 쉽게 닮은꼴이 아님을 알 수 있다. 왼쪽의 경우에는 바깥쪽의 사각형의 변의 비율이 2:1인데 안쪽의 사각형의 변의 비율은 4:1이다. 그리고 오른쪽의 경우에는 바깥쪽이 4:3이고 안쪽이 2:1이다.

7. 1kg짜리 에펠 탑 모형의 높이

그림 12 → 파리의 에펠 탑

파리에 있는 에펠 탑은 높이가 300m이다. 이 탑은 총 8,000,000 kg의 강철로 만들어져 있다.

난 강철로 만들었지만 무게가 1kg인 에펠 탑 모형을 주문하고 싶다. 높이가 얼마나 될까? 컵보다 높을까 아니면 낮을까?

풀 이

만약 똑같은 강철로 만든 에펠 탑의 모형이 8,000,000배 가볍다면 그 부피는 실제 에펠 탑보다 8,000,000배 적다. 우리는 정육면체에서 그 높이의 세제곱 값이 부피가 된다는 것을 알고 있다. 그러므로 모형의 높이는 실제 에펠 탑보다 200배 더 작다. 왜냐하면 $200 \times 200 \times 200 = 8,000,000$이기 때문이다.

실제 에펠 탑의 높이가 300m이므로 모형의 높이는 $300 \div 200 = 1\frac{1}{2}$m이다. 모형은 거의 초등학생의 키만해진다는 결론이다.

8. 장난감 벽돌의 무게

벽돌의 무게는 4kg이다. 만약 이 벽돌의 크기를 모두 4배 줄인 장난감 벽돌이 있다면 그 무게는 얼마나 될까?

풀이

앞의 에펠 탑 문제를 풀었다면 이 문제는 쉽게 풀 수 있을 것이다. 만약 장난감 벽돌이 1kg이라고, 즉 4배 적다고 답한다면 아주 커다란 오류를 범하는 것이다. 장난감 벽돌은 실제 벽돌보다도 가로 세로 높이 모두 4배로 작아진 것이다. 그러므로 무게는 $4 \times 4 \times 4 = 64$배 적다.
그러므로 정확한 답은 $4000 \div 64 = 62.5$g 이다.

9. 거인과 난쟁이

키가 2m인 거인은 키가 1m인 난쟁이보다 몇 배나 더 무거울까?

풀이

여러분은 이제 이런 종류의 문제에 대해 정확하게 대답할 수 있을 것이다. 즉 2배로 큰 인간은 2배로 큰 부피를 갖는 것이 아니라 8배로 큰 부피를 갖는다. 즉 무게도 8배 차이가 난다.

엘자스에 살고 있는 한 사람은 키가 275cm였다고 한다. 보통 인간의 키보다 1m가 더 컸다. 그리고 가장 작은 사람은 키가 40cm가 채 되지 않았다고 한다. 즉 이 거인과 난장이의 키의 차이는 약 7배가 났다. 그렇기 때문에 양팔 저울의 한쪽에 엘자스의 거인을 앉힌다면 평행을 유지하기 위해서는 7×7×7=343 명의 난쟁이가 있어야 한다.

10. 누가 더 추울까?

한겨울에 성인과 아이가 똑같이 옷을 입고 길거리에 서있다. 누가 더 추울까?

풀이

이 문제를 처음에 보았을 때는 전혀 수학적인 문제가 아닌 듯하다. 하지만 앞의 문제와 마찬가지로 기하학적으로 문제를 풀어야 한다. 이 문제를 풀기 위해서 비슷하지만 좀 더 간단한 문제를 한번 보도록 하자.

I

2개의 냄비가 있다. 똑같은 재료와 똑 같은 형태로 만들어져 있지만 하나는 크고 하나는 작다. 그곳에 뜨거운 물이 가득 들어있다. 어떤 것이 빨리 식을까?

어떤 것이 식는 속도는 표면적과 관계가 있다. 그러므로 표면적의 비율이 더 많은 냄비의 물이 더 빨리 식는다. 만약 한쪽의 냄비가 다른 쪽보다 n배 더 높고 n배 더 넓다면 그 표면적은 n의 제곱만큼 넓다. 그리고 그 양은 n의 세제곱만큼 많다. 단위 면적당 큰 냄비의 물은 작은 냄비의 물보다 n배 더 많은 부피를 가지고 있다. 그러므로 작은 냄비의 물이 더 빨리 식는다.

마찬가지 이유로 한겨울에 서있는 아이가 더 많이 추위를 느끼게 된다. 각 단위 면적당 옷을 따뜻하게 입은 것이 어른과 아이가 같지만 부피에 대한 표면적의 비율이 아이가 더 많기 때문에 아이가 어른보다 더 빨리 추위를 느끼게 되는 것이다.

한겨울에 밖에 나가 있으면 손가락이나 코가 신체의 다른 부위에 비해서 빨리 얼어버리는 것도 이와 같은 이치다. 왜냐하면 이들 부위의 부피는 표면적에 비해서 그렇게 크지 않기 때문이다.

II

"왜 가는 나뭇가지가 굵은 장작보다도 빨리 탈까?"하는 질문도 여기에 연결되어 있다.

가열은 표면적에서 시작되어서 전체로 퍼져 간다. 같은 길이의 나뭇가지와 굵은 장작을 직육면체라고 가정하고 표면적을 비교하여 보자. 단위 표면적당 부피가 얼마나 되는지 알아보자.

만약 굵은 장작이 나뭇가지보다 10배 더 두껍다고 한다면 굵은 장작의 측면 표면적은 나뭇가지에 비해서 10배 더 많지만 그 부피는 100배 더 많다. 그러므로 단위 표면적당 부피가 나뭇가지에 비해서 10배가 더 많다. 즉 똑같은 세기로 가열을 하게 되면 나뭇가지는 10배 더 적은 양의 물질이 열을 받게 되는 것이다. 그러므로 나뭇가지는 굵은 장작보다도 빨리 타게 된다. 단, 나무는 열전도율이 낮기 때문에 위에 이야기한 것은 맞지 않을 수도 있다. 위에 이야기한 것은 원칙을 이야기한 것이므로 실제는 차이가 있다.

11. 어떤 수박을 사는 것이 이익일까?

그림 13

수박 장수가 2개의 수박을 판다. 하지만 2개의 수박은 크기가 각기 다르다. 한 수박은 다른 수박보다 지름이 $\frac{1}{4}$ 배 만큼 더 크고 가격은 $1\frac{1}{2}$ 배 이다. 어떤 수박을 사는 것이 더 이익일까(그림 13)?

풀이

큰 수박의 지름이 작은 수박의 지름의 $1\frac{1}{4}$ 배 이므로 부피는 $1\frac{1}{4} \times 1\frac{1}{4} \times 1\frac{1}{4} = \frac{125}{64}$, 즉 약 2배 크다. _{참고로 구의 부피는 $\frac{4}{3}\pi r^3$ 이다. - 옮긴이} 그러므로 큰 수박을 사는 것이 더 유리하다. 큰 수박이 작은 수박보다 1.5배 비싼데 양은 2배가 많으니 말이다.

그렇다면 수박 장수는 왜 이러한 수박을 두 배가 아닌 1.5배의 가격에 팔려고 하는 것일까? 그것은 대부분의 상인들이 기하학을 제대로 이해하고 있지 못하기 때문일 것이다. 게다가 수박을 사는 사람도 기하학을 잘 모르기 때문에 더 이로운 구매를 하지 않으려고 한다. 그래서 나는 항상 큰 수박을 사는 것이 더 좋다는 것을 여러분께 조언한다. 거의 모든 경우에 큰 수박은 가격이 낮게 책정되어 있기 때문이다. 하지만 대부분의 사람들은 그렇게 생각하지 않는다. 마찬가지의 이유로 큰 계란을 사는 것이 작은 계란을 사는 것보다 더 유리하다. 만약에 무게로 계란을 팔지 않는다면 말이다.

12. 마개 찾기

여러분들 앞에 그림 14와 같이 정사각형, 정삼각형, 원으로 3개의 구멍이 나 있는 나무판이 있다. 이렇게 서로 틀린 세 개의 구멍을 막을 수 있는 마개가 있을까?

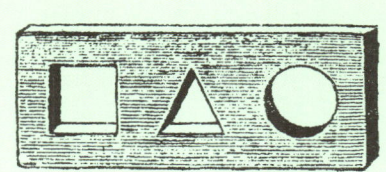

그림 14 → 세 개의 서로 틀린 구멍을 막을 수 있는 마개가 있다.

그림 15 → 이렇게 생긴 구멍들을 막을 수 있는 하나의 마개는 있을까?

앞의 문제를 풀었다면 그림 15와 같은 구멍이 뚫린 마개를 만들 수 있을 것이다. 같은 유형의 마지막 문제를 보자. 그림 16과 같은 구멍을 막을 수 있는 마개가 있을까?

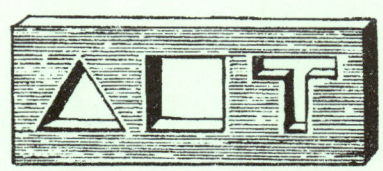

그림 16 → 이렇게 생긴 구멍들을 막을 수 있는 마개를 만들 수 있을까?

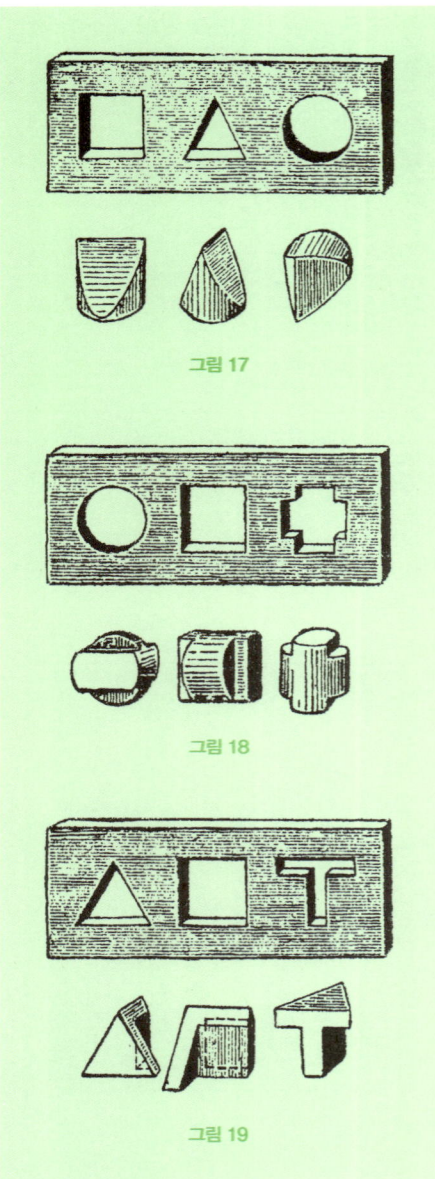

그림 17

그림 18

그림 19

풀이

이런 경우의 마개는 실제로 있다. 이 마개는 그림 17과 같은 모양을 하고 있다. 이렇게 생긴 마개로 우리는 정사각형도 정삼각형도 원도 막을 수 있다는 것을 쉽게 알 수 있을 것이다.

그림 15와 같은 같은 모양의 구멍들을 막을 수 있는 마개도 있다. 그것은 세 면이 각각 원, 정사각형, 십자가형으로 되어 있다.

그림 16과 같은 구멍들을 막을 수 있는 마개는 그림 19와 같다.

위에서 살펴본 3문제는 어떤 기계의 설계도를 그릴 경우 자주 부딪힐 수 있는 문제이다.

강 수 량 과 　 수 학

비와 눈에 관한 기하학

상트페테르부르크는 비가 매우 자주 오는 도시이다. 상트페테르부르크는 모스크바보다도 더 자주 비가 오는 도시이다. 그런데 학자들은 모스크바에서 1년 동안 오는 비의 양이 상트페테르부르크보다도 많다고 이야기한다. 그들은 어떻게 그것을 알았을까? 정말로 1년 동안 오는 비의 양을 측정할 수 있을까?

I

이것은 마치 어려운 문제인 듯하다. 하지만 여러분들도 그러한 계산을 할 수 있다. 내리는 비 모두를 모아야 하는 것 아니냐고 생각하지 말아라. 이것을 알기 위해서는 어디로 흐르지도 않고 땅 속으로도 스며들지 않았을 때 지상을 덮고 있는 물의 높이를 계산하기만 하면 된다. 이것은 전혀 어려운 것이 아니다. 왜냐하면 비는 지상의 모든 곳에 거의 똑같은 양의 물을 내리기 때문이다. 비는 어디는 조금 내리고 어디는 많이 내리고 하는 것이 없다. 그렇기 때문에 단지 일정한 면적 위에 있는 물을 측량하면 된다. 그렇게 되면 우리는 지상을 덮고 있는 물의 높이를 알게 된다.

이제 여러분은 비의 양을 재려면 어떻게 해야 하는지 알게 되었다. 즉 어떤 특정한 곳을 선정하면 된다. 그곳의 물은 흐르지도 땅 속으로 스며들지도 않아야 한다. 이것을 측정하기 위해서는 뚜껑이 없는 그릇만 있으면 된다. 예를 들어서 양동이도 가능할 것이다. 단 이 양동이는 위와 아래의 면적이 같아야 한다. 이 양동이를 바깥에 놓아두면 된다. 양동이를 놓아 둘 때 높은 곳에 두어야 한다. 왜냐하면 땅에 떨어진 비가 튀어서 양동이로 들어가는 경우가 있을 수 있기 때문이다. 그리고 비가 그치면 양동이 속 물의 높이를 재면 된다.

조금 더 자세히 우리가 만든 측우기에 대해서 알아보자.

어떻게 양동이 속의 물의 높이를 잴 수 있을까? 양동이에 줄자를 세워놓아야 하나? 이 방법은 양동이 속에 물이 많이 고였을 때에는 편리하다. 하지만 한 번 내린 비의 양은 2~3cm 또는 몇 mm에 불과한 경우가 많다. 그렇기 때문에 줄자로 이것을 재본다는 것은 정확하지 않게 된다. 여기서 mm 단위 또는 $\frac{1}{10}$mm까지도 중요한 단위가 되기 때문이다. 그럼 어떻게 해야 할까?

가장 좋은 방법은 작은 유리로 된 그릇에 물을 붓는 것이다. 이때 유리그릇은 원통형으로 위와 아래의 지름이 같아야 한다. 이렇게 되면 물의 높이는 올라가게 되고 투명한 유리를 통해서 물의 높이를 쉽게 알 수 있기 때문이다. 하지만 여러분은 이렇게 해서 나온 물의 높이가 우리가 재고자 하는 지상의 물의 높이와는 많은 차이가 있음을 알 것이다. 하지만 쉽게 우리는 이것을 계산할 수 있다. 예를 들어서 유리그릇의 지름이 우리의 측우기인 양동이보다 10배 적다고 하자. 그렇다고 한다면 유리그릇의 밑면의 면적은 양동이의 밑면의 면적보다 10×10=100배 적다. 그러므로 유리그릇에 있는 물은 양동이의 물보다 100배 더 높아야 한다. 즉 양동이의 물의 높이가 2mm였다고 하면 유리 그릇 안의 물의 높이는 200mm, 즉 20cm이다.

여러분은 위와 같기 때문에 유리그릇이 양동이보다 지나치게 작아서는 안된다는 것을 알 수 있다. 너무 작아 버리면 물의 높이가 너무 커진다. 그러므로 유리그릇의 지름이 양동이의 약 5배 정도만 작으면 된다. 그렇게 되면 밑면의 면적은 25배 작아지게 되고 높이는 그만큼 높아진다. 즉 양동이 속의 물 1mm는 유리 그릇 속에서 25mm가 된다. 그러므로 이 유리그릇의 25mm마다 표시를 하게 되면 이 표시 하나는 실제로 1, 2, 3mm를 나타내게 된다. 그렇게 되면 여러분은 아주 쉽게 양동이의 물의 높이를 알아낼 수 있다. 만약 양동이의 지름보다 유리그릇의 지름이 4배 작다고 한다면 유리그릇에 매 16mm마다 표시를 하면 된다. 그러나 양동이에서 입구가 작은 유리그릇에 물을 붓는 것도 매우 어려운 일이다. 양동이에 작은 구멍을 뚫어주고 거기에 유리관을 연결하게 되면 이 유리관을 통해서 물을 붓는 것이 훨씬 편해진다.

이제 여러분은 직접 만든 측우기를 갖게 되었다. 물론 여러분의 측우기가 비의 양을 기상청에서 사용하고 있는 진짜 측우기 보다 정확하게 재지는 못한다. 하지만 여러분이 직접 만든 측우기는 여러모로 쓸모가 있게 된다. 거기에 대해서 한번 알아보도록 하자.

II

예를 들어서 길이가 40m이고 폭이 24m인 밭이 있다고 하자. 비가 오고 있다. 여러분은 이 밭에 얼마나 비가 왔는지 알고 싶다. 어떻게 하면 될까?

물론 맨 처음 알아야 할 것은 지상에 얼마의 높이로 물이 쌓였는가 하는 것이다. 이것을 알지 못하면 어떠한 계산도 할 수 없다. 여러분이 직접 만든 측우기가 4mm의 물의 높이를 나타냈다고 하자. 땅에 물이 안 스며들었다고 했을 때 1m²의 밭에 얼마의 양의 비가 내렸을까 계산해보자.

1m²는 100cm 길이에 100cm 폭을 가지고 있다. 그 위로 4mm의 높이로 물이 있다. 즉 0.4cm이다. 그렇다면 물의 양은 다음과 같다.

$$100 \times 100 \times 0.4 = 4{,}000 \text{cm}^3$$

여러분은 1cm³의 물이 1g이라는 것을 알고 있다. 위에서 살펴본 바와 같이 1m²에 4,000g의 물이 있다. 전체 밭의 크기는 $40 \times 24 = 960\text{m}^2$ 이므로 밭에 뿌려진 물의 양은 $4 \times 960 = 3{,}840\text{kg}$이다. 거의 4t에 가깝다.

양동이로 물을 주었을 때 얼마나 주어야 하는지를 계산해보면 그 양이 얼마나 되는지 쉽게 알 수 있다. 일반적으로 양동이 하나에 담을 수 있는 물은 약 12kg이다. 그렇다면 $3{,}840 \div 12 = 320$ 양동이가 된다. 즉 여러분은 약 15분 동안 내린 비의 양을 채우기 위해서 양동이로 300번 이상 물을 길어야 한다.

약하게 내리는 비와 강하게 내리는 비는 어떻게 구별이 될까? 이것을 구별하는 것은 '일 분에 얼마의 양의 비가 오느냐' 이다. 만약 일반적인 비가 일 분에 약 2mm의 비를 내린다고 했을 때 소나기는 그 양을 비교할 수 없을 만큼 많이 내린다. 이슬비는 한 시간 또는 더 긴 시간 동안 계속해서 비가 내려서 1mm를 만드는 것이다.

  이렇듯 비의 양을 계산하는 것은 가능할 뿐만 아니라 어렵지도 않다. 게다가 만약 여러분이 빗방울의 크기가 얼마나 되는지 알고 싶어한다면 그것도 가능하다. 우리 눈에는 긴 막대기처럼 보이기도 하지만 비는 항상 방울모양으로 떨어진다. 실제로 보통 빗방울은 12개가 1g정도 된다. 즉 위에서 이야기한 $1m^2$의 밭에 떨어진 빗방울의 수는 4,000×12=48,000 방울이 된다.

  그러므로 전체 밭에 얼마나 많은 빗방울이 떨어졌는가는 계산을 해보면 알 수 있다. 하지만 이 수는 그냥 흥미로운 것 외에는 아무런 의미가 없다. 여기에 대해서 이야기한 이유는 어떤 하나를 알고 있을 때 얼마나 많은 것들을 알 수 있는지를 알려주기 위한 것뿐이다.

III

  우리는 앞에서 비가 얼마나 많은 물을 땅에다 뿌리는지 알게 되었다. 그렇다면 우박은 얼마나 많은 양의 물을 의미할까? 마찬가지의 방법으로 우리는 이것을 계산할 수 있다. 우박은 여러분이 만든 측우기로 떨어지고 거기서 녹는다. 그렇게 우박이 녹아서 모인 물의 양을 재어 본다면 여러분이 알고 싶어하는 물의 양을 알 수 있다.

  마찬가지로 눈으로 내린 물의 양도 계산할 수 있다. 하지만 이 경우에는 여러분의 측우기는 정확성이 많이 떨어진다. 왜냐하면 눈은 양동이의 바깥벽에 붙기도 하기 때문이다. 그리고 바람에 날리기도 한다. 하지만 눈의 경우에는 측우기 없이 계산이 가능하다. 직접 마당에 쌓여있는 눈의 두께를 막대자를 이용해서 재어 보면 알 수 있다. 물의 양이 얼마나 되는지를 알려면 눈을 녹여야 한다. 그러기 위해서는 눈 상태 그대로(눈을 누르지 말고) 양동이를 채운 뒤 눈을 녹여서 얼마만큼의 물이 되는지를 보면 된다. 이렇게 하면 여러분은 눈 1cm가 얼마의 물을 만드는지 알게 되고 그렇게 되면 눈이 몇 cm 쌓였는지를 가지고 물이 몇 mm가 되는지 알 수 있다.

매일 오는 비의 양을 재고 겨울에는 눈으로 내린 물의 양을 더한다면 1년의 강수량을 알 수 있다. 이렇게 나온 수치는 그 지역에서의 강수량 측정에 중요한 역할을 한다(강수량은 하늘에서 내리는 전체 물의 양이다, 즉 그것이 비, 우박, 눈의 형태를 띠고 있는 것은 중요하지 않다). 아래는 러시아와 구 소련 국가들 도시의 연 평균 강수량을 나타낸다. 대한민국의 연 강수량은 127.4cm 이며, 서울은 130cm, 제주도는 153cm 이다. 모스크바에 여행을 갔다 온 사람들은 비가 많이 오는 것을 본다. 그런데 실제 비의 양은 그렇게 많지 않다. 게다가 모스크바에는 대한민국처럼 장마철이 없다. - 옮긴이

알마아트	51cm	쿠타이시	179cm
아르한겔스크	41cm	상트페테르부르크	47cm
아스트라한	14cm	모스크바	55cm
바쿠	24cm	오뎃사	40cm
볼로그다	45cm	오렌부르그	43cm
예니세이스키	39cm	예카테린부르그	36cm
카잔	44cm	세미팔라틴스크	21cm
이르쿠트스크	44cm	타쉬켄트	31cm
코스트로마	49cm	토볼스크	33cm
사마라	39cm		

위의 도시들 중에서 강수량이 가장 많은 도시는 쿠타이시(179cm)이다. 그리고 아스트라한은 14cm로 쿠타이시 보다 약 13배 적게 내린다.

하지만 지구상에는 쿠타이시 보다도 더 많은 강수량을 보이는 곳이 있다. 예를 들어서 인도의 한 지방은 1,260cm 즉 12.6m의 강수량을 보이는 곳도 있다. 그리고 이곳에는 하루에 내린 비가 100cm에 달한 적도 있었다.

아스트라한보다도 훨씬 적은 강수량을 보이는 곳도 있다. 남아메리카 칠레의 한 지역은 연평균 강수량이 1cm이기도 하다. 연평균 강수량이 25cm미만인 곳은 건조지역으로 이곳에서는 농사를 지을 수 없다.

만약 여러분들이 위에서 언급한 도시에 살고 있지 않다면 직접 강수량을 재어보아라. 1년 동안 참을성 있게 강수량을 잰다면 정확하지는 않더라도 여러분들이 살고 있는 곳이 건조지역인지 아닌지 다른 도시와 비교했을 때는 어떤지 등을 알 수 있을 것이다.

IV

지구상의 여러 곳에서 연간 강수량이 얼마나 되는지를 알아본다면 1년에 지구 전체의 강수량이 얼마나 되는지를 아는 것은 어렵지 않다.

지구 전체 육지의(바다는 제외하고) 연간 강수량은 약 78cm라고 알려져 있다. 아마도 바다에 내리는 강수량도 육지에 내리는 강수량과 비슷하다고 생각하면 될 것이다. 여기서 우리는 지구 위로 비 또는 우박 또는 눈의 형태로 내리는 물의 양이 얼마나 될까를 계산할 수 있다. 이것을 위해서는 지구 표면의 면적을 알아야 한다.

만약 여러분에게 지구 표면에 대한 정보가 없다면 다음과 같은 방식으로 계산하면 된다.

1m는 지구 둘레의 4천만분의 1 이라는 것은 잘 알려진 사실이다. 다시 말해서 지구의 원주는 40,000,000m 즉 40,000km이다. 지름은 원주보다 3.14배 작다는 것은 잘 알려진 사실이다. 그러므로 우리가 살고 있는 지구의 지름은 40,000 ÷ 3.14 = 약 12,700km이다.

구의 표면적을 구하는 공식은 지름×지름×3.14이다. 그러므로 지구의 표면적은 다음과 같다.

$$12,700 \times 12,700 \times 3.14 = 506,000,000 km^2$$

(왼쪽에서 네 번째 자리의 숫자부터는 0으로 표시하였다. 왜냐하면 여기서 확실한 수는 오직 처음의 세 숫자이기 때문이다.)

지구의 표면적은 약 506,000,000km²이다. 다시 문제로 돌아가자. 우선 1m² 또는 10,000cm²에 얼마나 많은 물의 양이 모아질까 보자.

$$78 \times 10,000 = 780,000 cm^3$$

그러므로 1km² 즉 1000×1000=1,000,000m²에 물은 780,000,000,000cm³ 또는 780,000m³가 모아진다. 그러므로 전체 지구표면적에 내린 물의 양은 다음과 같다.

$$780,000 \times 506,000,000 = 394,000,000,000,000 m^3$$

(마찬가지로 왼쪽에서 네 번째 자리의 숫자부터는 0으로 표시하였다. 왜냐하면 여기서 확실한 수는 오직 처음의 세 숫자이기 때문이다.)

 이 수를 km^3로 나타내려면 $1000 \times 1000 \times 1000$ 즉 십억으로 나누어 주어야 한다. 계산을 하면 $394,000km^3$가 나온다. 이렇게 해서 1년에 거의 $400,000km^3$의 물이 우리가 살고 있는 지구 위로 내리게 된다. 여기에 나온 이야기를 더 자세히 알고 싶다면 기후학과 관련된 책을 보면 자세히 나와 있다.

04

생활 속의 기하학 (2)

기하학은 필요에 의해서 만들어진 수학의 한 분야입니다. 나일강의 범람으로 매년 토지를 새로 측량해야 했던 이집트에서 기하학이 발달한 이유가 당시 사람들의 필요가 절실했기 때문입니다. 그만큼 기하학은 매우 유용한 학문입니다.

기하학을 안다는 것은 생활의 지혜를 아는 것과 마찬가지 입니다.

이 장에는 앞 장의 문제들 보다는 조금 더 생각을 요하는 총 10개의 문제가 있습니다.

진정으로 기하학을 잘한다는 것은 도형의 특성을 알고 그것을 계산하는 것만을 의미하는 것이 아닙니다. 그것은 실제 생활에 응용된 문제들을 얼마나 잘 풀어낼 수 있는가를 나타냅니다. 총을 제대로 쏘지 못하는 사람에게 방아쇠가 무슨 소용이 있을까요?

1. 파리와 꿀의 최단 거리

유리로 된 병 안쪽 벽에 입구에서부터 3cm 떨어진 곳에 꿀을 묻혀 놓았다. 반대편 유리 벽 바깥쪽 같은 지점에 파리가 한 마리 앉아 있다 (그림 1). 어떻게 하면 파리가 가장 짧은 거리를 움직여서 꿀이 묻어 있는 곳까지 갈 수 있는지 알아맞춰 보아라.

병의 높이는 20cm이고 지름은 10cm 이다.

가장 짧은 길을 파리가 스스로 찾아서 당신에게 도움을 줄 수 있을 것이라고는 생각하지 말아라. 그러려면 파리가 기하학을 알아야 하는데 기하학을 알만큼 파리의 머리는 똑똑하지 않다.

그림 1 → 꿀까지 가는 최단거리를 파리에게 알려 주어라.

풀이

문제를 풀기 위해서 유리 병의 측면을 평평하게 펴면 그림 2와 같은 직사각형이 나온다. 높이는 20cm 이고 밑변의 길이는 병의 둘레의 길이와 같다. 즉 10×3.14=31.4cm이다. 여기서 파리와 꿀의 위치에 대해서 이야기를 해보자. 파리는 밑변에서 17cm 위인 점 A에 있다. 꿀은 마찬가지의 높이에 있으면서 점 A로부터는 원 호의 반대편이므로 원호의 $\frac{1}{2}$ 거리인 15.7cm 떨어져 있다.

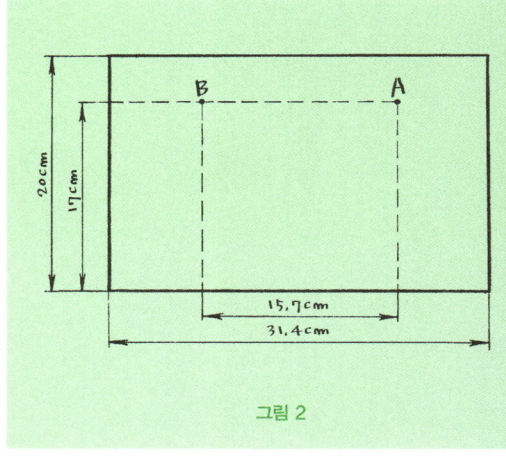

그림 2

파리가 병의 입구까지 기어갈 수 있는 가장 짧은 거리의 점은 다음과 같다. 그림 3의 점 B에서 밑변과 직각으로 직선을 그은 다음에 윗변에서 점 B와의 거리만큼 위로 올리면 점 C의 위치가 나온다. 이 점을 직선으로 점 A와 연결한다. 이렇게 해서 나온 점 D는 파리가 반대편으로 기어가기 위해서 지나가야 하는 점이다. 그러므로 최단 거리는 ADB이다.

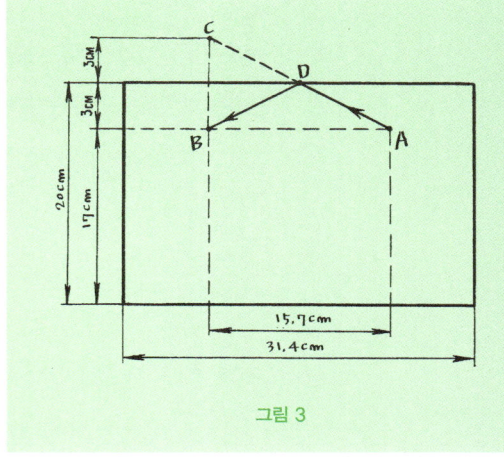

그림 3

이렇게 펼쳐진 사각형에서의 최단 거리를 실린더에 적용을 하게 되면 우리는 파리가 꿀이 있는 곳까지 기어갈 수 있는 가장 짧은 거리를 알 수 있다 (그림 4).

그림 4 → 파리가 갈 수 있는 최단 거리

이런 경우에 파리가 이 길을 택할지는 알 수 없다. 만약 우리가 파리의 후각을 자극하면서 길을 인도한다면 그렇게 갈 수도 있다. 하지만 후각이 정확하게 길을 인도할 수 있을지도 의문이다.

2. 5코페이카 동전 통과하기

여러분들에게 두 개의 동전이 있다. 하나는 지름이 2.5cm인 5코페이카 동전이고 다른 하나는 지름이 1.8cm인 2코페이카 동전이다. 종이 위에 2코페이카 동전을 놓고 정확하게 원을 그려라. 그리고 그것을 오려내어라. 과연 이 구멍으로 5코페이카 동전이 통과할 수 있을까?

여기에는 어떤 속임수도 없다. 이것은 기하학 문제이다.

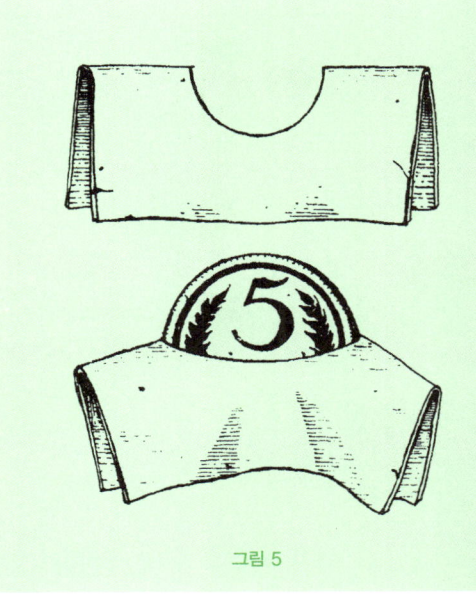

그림 5

풀이

이상하게 들릴지 모르지만 이것은 너무도 당연하게 가능한 일이다. 한번 해보기만 하면 된다. 그림 5와 같이 구멍을 굽혀주면 된다. 이렇게 하면 5코페이카 동전이 쉽게 통과된다.

어쩌면 마술처럼 보이는 이것을 기하학으로 충분히 설명이 가능하다. 2코페이카 동전은 지름이 18mm 이다. 이 동전의 둘레가 약 56mm라는 것을 우리는 쉽게 알 수 있다. 그렇다면 그림 5와 같이 접었을 때 호의 길이는 그 반인 28mm이다. 그러므로 두께가 1.5mm이고 지름이 25mm인 5코페이카 동전이 통과할 수 있다.

3. 수준기의 공기 방울

목수들은 평형을 재는 도구인 수준기(水準器)를 가지고 다닌다. 이 수준기에는 공기 방울이 하나 있다(그림 6). 이 공기 방울은 기울어진 쪽 반대 방향으로 움직이게 되어 있는데 기울기가 커지면 커질수록 공기 방울은

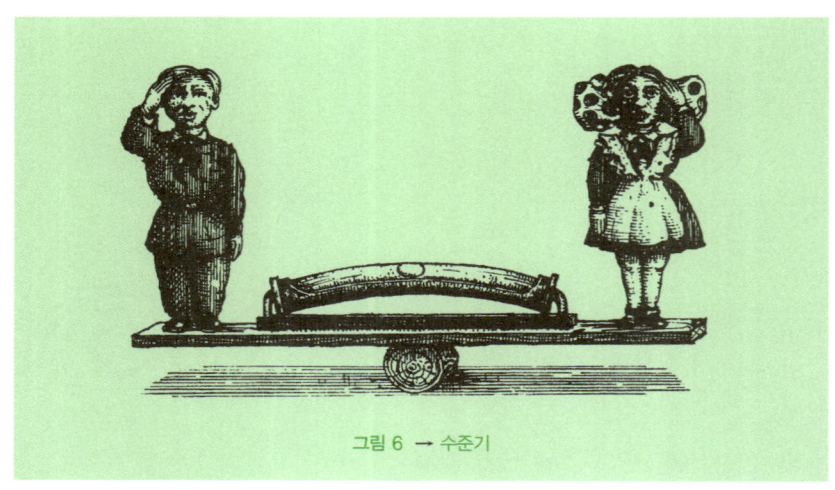

그림 6 → 수준기

반대편으로 이동하게 되어 있다.

이 수준기의 원리는 액체보다 가벼운 공기 방울이 액체보다 위로 올라가는 성질을 이용한 것이다. 하지만 만약 수준기 관이 굽지 않고 똑바로 되어 있다면 아주 미세한 기울기에도 이 공기 방울은 반대편 끝으로 가게 된다. 왜냐하면 가장 높은 곳을 찾아서 공기 방울이 움직이기 때문이다. 그렇게 된다면 아마도 이 수준기를 사용하는 것이 매우 불편할 것이다. 그렇기 때문에 그림에서와 마찬가지로 수준기의 관은 휘어져 있다. 가로로 놓여져 있는 수준기 안에서 공기 방울은 가장 높은 곳 즉 중간에 위치한다. 만약 기울어짐에 의해서 정상(頂上)이 바뀌게 된다면 공기방울은 이미 중앙이 아닌 기울어진 반대편 쪽에 위치하게 된다.

여기서 문제는 다음과 같다. 만약 수준기 관이 만들어낸 원호의 반지름이 1m라고 한다면 $\frac{1}{2}$도에 얼마만큼씩 공기 방울이 움직이게 될까?

풀 이

그림 7을 보라. 호 MAN은 처음 위치하고 있는 것을 뜻하고 호 M´BN´는 위치를 옮긴 호이다. 선분 M´N´는 선분 MN을 $\frac{1}{2}$도 만큼 움직인 것이다. 공기방울 A는 그대로 멈추어 있고, 호 MN의 중심은 B로 대치되었다. 호AB의 길이를 재어보자. 만약 반지름이 1m이라고 한다면 그 크기는 $\frac{1}{2}$도 이다. (이것은 수직방향으로 끼인각의 합동이다)

계산을 하는 것은 어렵지 않다. 반지름이 1m(1,000mm)인 원의 원호는 다음과 같다.
2×3.14×1,000=6,280mm
원의 각은 360도 또는 720개의 $\frac{1}{2}$도 이므로 하나의 $\frac{1}{2}$도의 원호의 길이는 6,280÷720=8.7mm이다.

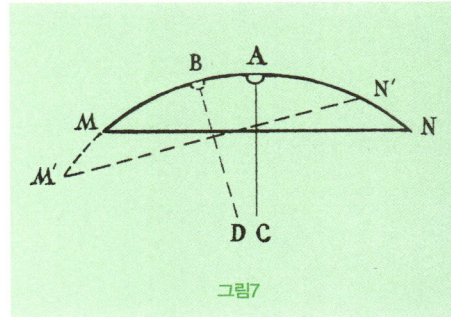

그림7

즉 공기방울은 원래 위치에서 약 9mm 정도 움직인다. 즉 거의 1cm 움직인다. 수준기 관의 굴곡된 부분의 반지름이 크면 클수록 훨씬 섬세하게 우리는 그것을 관찰할 수 있다.

4. 엽서 속에 있는 탑의 실제 높이

여러분이 살고 있는 도시에는 훌륭한 탑이 있다. 하지만 당신은 그 높이가 얼마나 되는지 모른다. 당신은 엽서에 있는 탑의 사진을 가지고 있다. 어떻게 하면 이 엽서의 사진으로 탑의 높이를 알 수 있을까?

> 풀이

사진을 가지고 실제 탑의 높이를 알려면 무엇보다도 먼저 사진 속의 탑의 높이와 밑변의 길이를 정확하게 알아야 한다. 예를 들어서 사진 속의 탑의 높이가 95mm 이고 밑변의 길이가 19mm라고 하자. 그리고 여러분이 실제의 탑의 밑변의 길이를 재었다고 하자. 그 길이가 14m였다.

여러분은 실제의 탑과 사진 속의 탑이 닮은꼴이라는 것을 알고 있다. 그러므로 사진 속에 있는 탑의 밑변의 길이와 높이의 비가 실제의 탑의 밑변의 길이와 높이의 비와 같다. 높이와 밑변의 비율은 95:19 이므로 탑의 높이는 밑변의 길이의 5배이다. 그러므로 우리는 쉽게 탑의 높이가 14×5=70m임을 알 수 있다. 하지만 우리는 모든 사진에서 이러한 답을 구할 수 있지는 않다는 것을 알아야 한다. 만약 사진이 위 아래로 기울어져 있다면 그렇게 구할 수 없다.

5. 버찌 씨와 과육

버찌의 과육은 씨의 두께만큼 씨를 감싸고 있다. 버찌와 씨가 공의 모양을 하고 있다고 가정하자. 과육의 부피가 씨의 부피보다 몇 배나 더 많은지 알아보아라.

> 풀이

문제가 이야기하는 것을 보면 버찌의 지름은 씨의 지름의 3배이다. 즉 부피로 보면 3×3×3=27배 더 크다. 그리고 씨의 부피는 전체의 $\frac{1}{27}$ 이므로 나머지는 $\frac{26}{27}$ 이 된다. 그러므로 과육부분의 부피는 씨보다 26배 크다.

6. 게이트를 통과할까 공을 맞힐까?

크로케(Croquet)는 공과 타구봉을 이용해서 하는 경기이다.

크로케 경기는 나라마다 조금씩 차이가 있는데 공통점은 게이트와 페그(말뚝)가 설치된 경기장에서 한다는 것이다. 대한민국에는 일본으로 갔다가 일본식으로 바뀐 게이트볼이라는 경기가 주로 이루어지고 있으며, 러시아에는 러시아식 크로케가 있다. 러시아식 크로케는 자기편 페그에서 시작하여서 게이트를 통과한 후 상대편 페그를 먼저 맞히면 승리하게 된다. 중앙에는 양팀이 똑같이 통과해야 하는 X형 게이트가 있다. 순서에 의해서 한번씩 공을 치면서 나아가는데 게이트를 통과하거나 상대방의 공을 자기의 공으로 맞히면 한 번 더 기회가 주어진다.

6~10번 문제는 바로 이 크로케에 관련된 문제들이다. 이 크로케 문제를 풀기 위해서 크로케 경기를 잘 알 필요는 없다. 다만 게이트와 페그 그

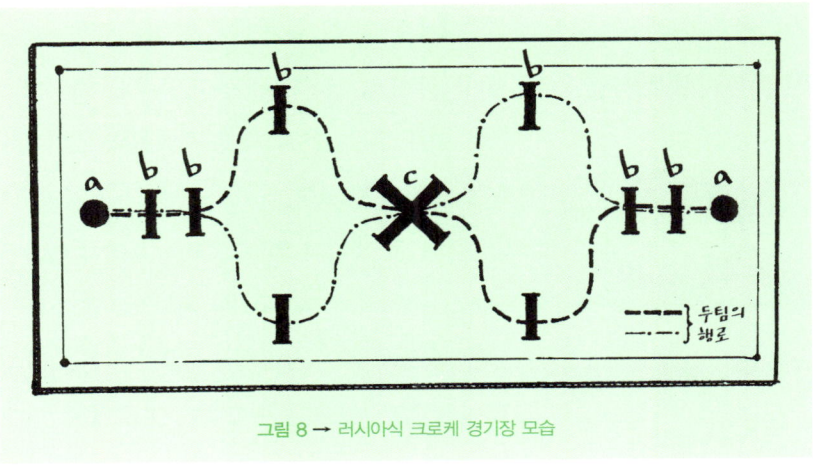

그림 8 → 러시아식 크로케 경기장 모습

리고 X형 게이트가 있다는 사실만 알면 된다. 한번 차근차근 풀어보기 바란다.

크로케의 게이트는 직사각형 모양을 하고 있다. 게이트의 폭은 공의 지름의 두 배이다. 게이트를 건드리지 않고 공을 통과시키는 것과 똑같은 거리에 있는 공을 맞히는 것 중 어느 것이 더 쉬울까?

풀이

경험이 많은 경기자라고 하더라도 이 경우에 공을 맞히는 것이 게이트를 통과하는 것보다 어렵다고 이야기할 것이다. 하지만 그것은 잘못된 것이다. 물론 게이트의 폭은 공보다도 넓다. 하지만 공이 게이트를 안 건드리고 안으로 들어가는 지역은 공을 맞히는 지역보다 두 배 더 좁다.

그림 9를 보아라. 그렇다면 쉽게 이해가 될 것이다. 공의 중심이 공의 반지름보다 더 가까이 골 포스트 쪽으로 가면 안된다. 가게 되면 골 포스트를 건드리게 된다. 즉 여기에서 표적의 폭은 전체 게이트 지름의 $\frac{1}{2}$로 줄어든다. 우리는 표적의 폭은 아주 좋은 상태에서 공의 지름과 같다는 것을 쉽게 알 수 있다.

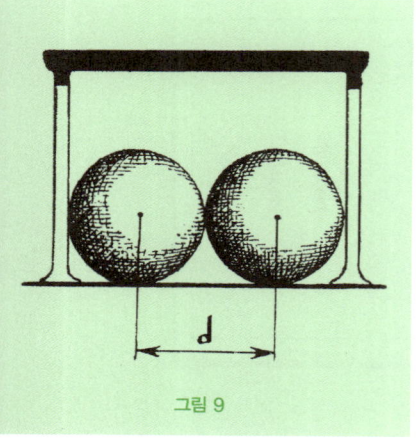

그림 9

다음은 공을 맞히기 위한 표적의 폭이 얼마나 되는지 한번 알아보자. 우리는 움직이는 공의 중심이 서 있는 공의 중심에서 지름의 길이 보다 적게 간다면 공을 맞힐 수 있다는 것을 알 수 있

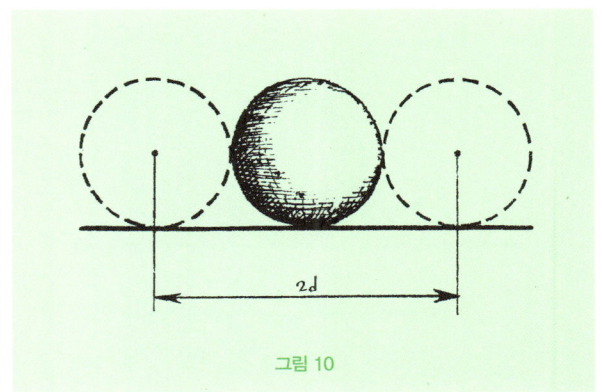

그림 10

다. 즉 이 경우에 그림 10에서 보는 바와 같이 공의 지름의 두 배가 표적의 폭이 된다.

결국 경험 많은 경기자의 생각과는 달리 게이트를 건드리지 않고 공을 넣는 것보다도 두 배는 더 쉽게 공을 맞힐 수 있다.

7. 공과 페그

크로케 게임의 페그의 두께는 6cm이다. 공의 지름은 10cm이다. 같은 거리에서 페그와 공을 맞히려고 할 때 공을 맞히는 것이 페그를 맞히는 것보다 얼마나 쉬울까?

풀이

위의 것을 이해한 지금 이 문제를 푸는 것은 그렇게 어렵지 않다. 그림 11에서 목표의 폭은 공의 지름의 두 배, 즉 20cm이다.

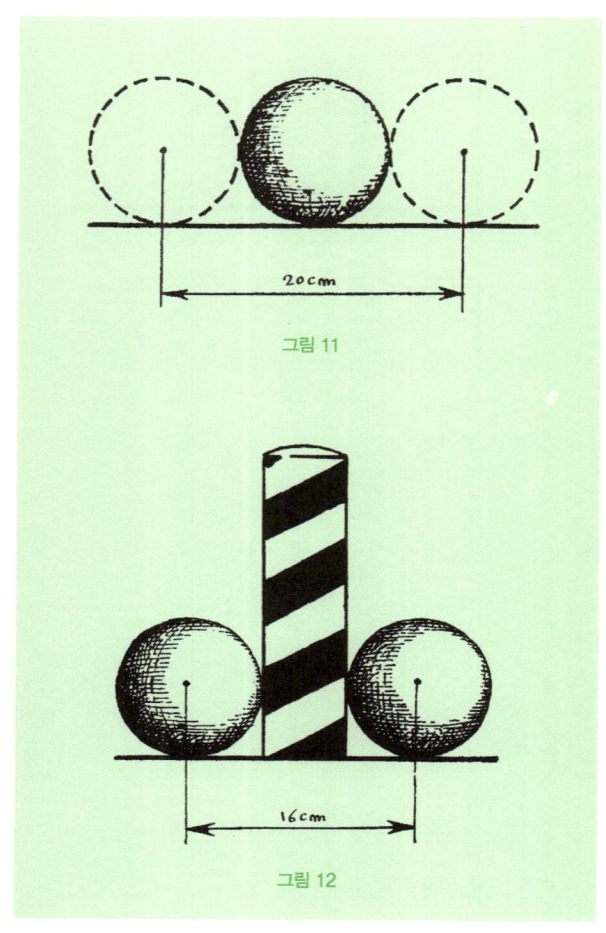

그림 11

그림 12

페그를 맞힐 수 있는 표적의 폭은 공의 지름과 페그의 두께를 합한 길이, 즉 16cm이다(그림 12).

즉 페그를 맞히는 것보다 공을 맞히는 것이 $20 \div 16 = 1\frac{1}{4}$, 즉 25% 만큼 쉽다. 경기자가 공을 맞힐 가능성은 페그를 맞히는 것보다 훨씬 높다.

8. 게이트 통과하기 또는 페그 맞히기

공은 게이트보다 두 배 작고 페그보다는 두 배 크다. 같은 거리에서 게이트를 건드리지 않고 안으로 통과하는 것과 페그를 맞히는 것 중 어느 것이 더 쉬울까?

풀 이

흔히 사람들은 '만약 게이트가 공의 크기보다 두 배 더 넓고 페그가 두 배 좁다면 게이트를 건드리지 않고 통과하는 경우는 페그를 맞히는 경우보다 네 배 많다'라고 이야기한다. 하지만 앞의 두 문제를 푼 우리의 독자들은 이러한 오류를 범하지 않을 것이다. 우리의 독자는 가장 좋은 조건에서 게이트를 건드리지 않고 통과하는 것보다도 페그를 맞히는 것이 약 $\frac{1}{2}$배 만큼 길다는 것을 안다. 이것은 그림 13과 14를 보면 확실히 알 수 있다.

만약 게이트가 직사각형이 아니라 원호 형태라면 공이 지나갈 수 있는 폭은 더 좁아졌을 것이다. 그림 15를 보면 쉽게 이해될 것이다.

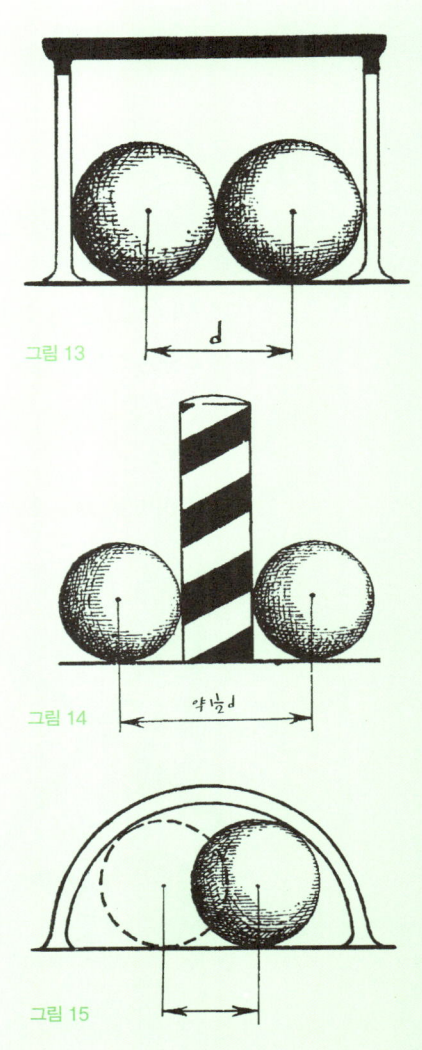

그림 13

그림 14

그림 15

9. X형 게이트 통과하기 또는 공 맞히기

X형 게이트의 폭은 공의 세 배이다. 같은 거리에서 게이트를 건드리지 않고 통과하는 것과 공을 맞히는 것 중 어느 것이 더 쉬울까?

풀이

그림 16과 17에서 공이 게이트를 건드리지 않고 지나가기 위한 간격 a는 매우 좁다. 기하학을 아는 사람이라면 선분 AB가 대각선 AC보다 1.4배 정도 적다는 것을 안다. 만약 게이트의 폭을 3d(d=공의 지름)라고 한다면 선분 AB는 다음과 같다.

$$3d \div 1.4 = 2.1d$$

공이 게이트를 건드리지 않고 통과할 수 있는 간격 a는 더 좁다. 이것은

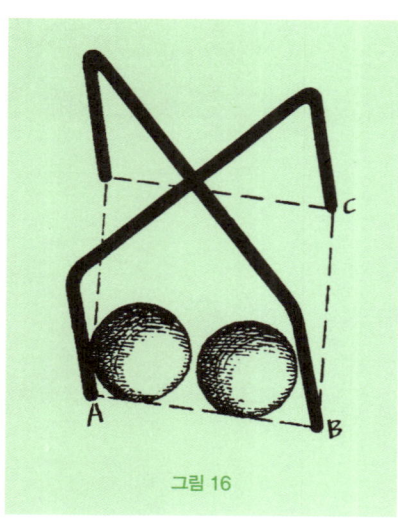

그림 16

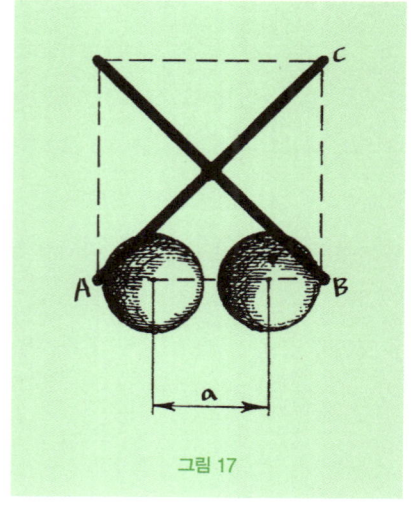

그림 17

공의 지름만큼 더 좁다.

$$2.1d - d = 1.1d$$

그런데 공을 맞히기 위한 표적의 폭은 2d라는 것을 우리는 이미 알고 있다. 그러므로 공을 맞히는 것이 게이트를 통과하는 것보다 두 배 더 쉽다.

10. 통과할 수 없는 X형 게이트

X형 게이트의 폭이 얼마가 되면 공이 게이트를 건드리지 않고 통과하는 것이 불가능할까?

풀이

만약 게이트의 폭이 공의 지름의 1.4배 이하라면 공이 게이트를 건드리지 않고 지나갈 확률은 거의 없다. 이것은 앞에서 살펴본 것과 같은 이유이다. 만약 게이트가 원호 모양이라고 한다면 공이 지나갈 가능성은 더욱 작아진다.

산림학자와 수학

너 셀 줄 알아?

"너 셀 줄 알아?"

세 살 만 넘어도 이러한 질문을 받는다면 치욕스럽게 느낄 것이다. 누가 셀 줄 모른단 말인가? 순서대로, 하나, 둘, 셋 하고 말을 하는 것은 아무런 어려움이 없다. 하지만 난 여러분들이 아주 단순한 경우에도 항상 그것을 잘 해낸다고 생각하지 않는다. 무엇을 세느냐가 중요하다. 상자 속에 들어있는 못을 센다는 것은 별로 어려운 일이 아니다. 하지만 못과 나사가 함께 있다면 문제는 조금 다르다. 그렇게 되면 이건 몇 개고 저건 몇 개인지를 구별해야 한다. 당신은 어떻게 하겠는가? 못과 나사를 분리한 뒤 못을 먼저 세겠는가?

이러한 형태의 질문은 빨래를 하려고 모아둔 옷들을 구별해야 하는 주부에게 주어지기도 한다. 주부는 우선 옷을 종류별로 나누어 놓는다. 한쪽에 셔츠를 쌓아두고, 다른 쪽에는 수건을 그리고 또 한쪽에는 침대 시트를 쌓아 놓는다. 이렇게 힘든 일을 하고 거기에 각각 몇 개인지 세어야 한다는 것은 피곤한 일이다.

그러므로 여기서 우리는 제대로 셀 줄 모른다고 이야기하는 것이다. 이런 식의 종류가 같지 않은 물건을 세는 것은 복잡하고 불편하기 짝이 없으며 때로는 불가능하기까지 하다. 물론 실제로 못을 세거나 옷가지를 세는 것은 아주 쉬운 일이다. 그런데 만약 당신이 산림학자이고 1ha에 몇 그루의 소나무가 자라고 있으며, 또 몇 그루의 전나무가 있으며, 몇 그루의 자작나무가 있으며, 몇 그루의 사시나무가 있는지 세어야 한다고 해보자. 우리는 여기서는 나무를 종류별로 나누거나 모아둘 수 없다. 당신은 처음에 소나무를 세고, 다음에 전나무를 그리고 차례로 자작나무와 사시나무를 셀 것인가? 네 차례 동안 한 곳을 돌고 또 돌 것인가? 한 번에 이것들을 다 셀 수 있는 방법이 없을까? 있다. 그 방법은 아주 오래 전부터 산림에서 일하는 노동자들이 체득한 것이다.

서로 종류가 다른 나무를 셀 때에도 여러분은 아래와 같은 방식으로 세면 매우 쉬어진다. 즉 다음과 같은 표를 만든다.

소나무	
전나무	
자작나무	
사시나무	

그림 18 → 숲 속 나무를 세기 위한 표

그리고 숲을 돌면서 각각의 나무에 주어진 빈칸에 표시를 한다. 그 표시 방법은 몇 가지가 있다. 다음에 나오는 표는 일례를 나타낸 것이다.

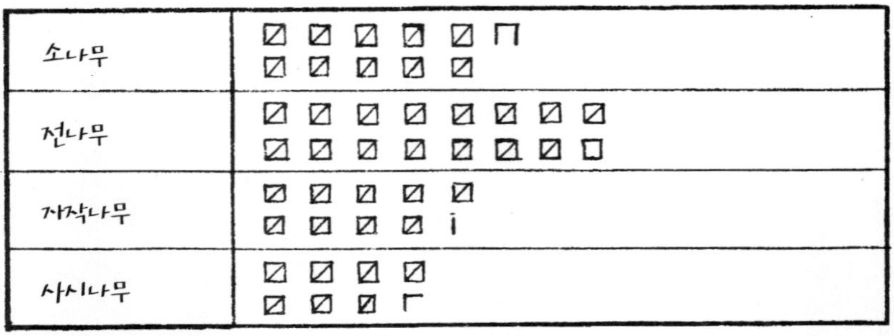

소나무	☑☑☑☑☑┌ ☑☑☑☑☑
전나무	☑☑☑☑☑☑☑☑ ☑☑☑☑☑☑☑☐
자작나무	☑☑☑☑☑ ☑☑☑☑☑ⅰ
사시나무	☑☑☑☑ ☑☑☑┌

그림 19 → 그림 18의 표를 채운 결과 (대한민국에서는 일반적으로 수를 셀 경우 바를 정(正)자를 쓴다.)

이렇게 되면 쉽게 결과를 살펴볼 수 있다.

소나무 —— 53   자작나무 —— 46
전나무 —— 79   사시나무 —— 37

마찬가지의 방식으로 의사들은 현미경을 통해서 보이는 혈액 속의 적혈구와 백혈구의 수를 세기도 한다. 빨래를 하려고 하는 주부들도 마찬가지의 방법으로 하게 되면 시간과 노력을 절약할 수 있다. 만약 여러분이 자그마한 풀밭에서 어떤 식물이 자라고 있으며 그 수가 얼마나 되는지 알고 싶다면 마찬가지의 방법을 쓰게 되면 아주 짧은 시간에 해결할 수 있다.

우선 표에 식물의 이름을 나열한다. 그리고 그 아래 여유 있게 빈 칸을 몇 개 만들어서 조사하는 중간에 나올 수 있는 식물의 이름을 쓸 칸을 만든다. 그림 20처럼 만들어진 표로 세기 시작한다. 그 다음은 숲의 나무를

민들레	
미나리	
질경이	
토끼풀	
나팔꽃	

그림 20 → 어떻게 풀밭의 식물들을 셀까

세듯이 하면 된다.

무엇 때문에 숲의 나무를 세어야 할까? 도시에 살고 있는 사람들은 그 필요성도 없고 그렇게 할 이유도 없다고 생각한다. 톨스토이의 소설 《안나 까레리나》에는 농사일을 잘 아는 레빈이 숲을 팔려고 하는 친척에게 이러한 질문을 한다.

"자네 나무가 얼마나 되는지 세어봤나?"

"나무를 어떻게 세어요?"

놀라서 그가 대답했다.

"모래알을 센다든가, 별을 센다든가 하는 것은 아무리 똑똑해도······"

"그래. 랴비닌(상인의 이름)의 머리가 좋아서 그런 줄 알아. 어떤 인간도 숲의 나무를 세어보지 않고 숲을 사지 않아."

숲의 나무를 세는 이유는 숲에 얼마나 많은 목재가 있는지를 알기 위해서 필요하다. 전체 숲의 나무를 세는 것이 아니라 표준이 될 만한 일정한 구역, 즉 $\frac{1}{2}$ha또는 $\frac{1}{4}$ha의 나무를 센다. 그러한 표준이 될 만한 구역을 정할 때에는 물론 경험이 필요하다.

이런 경우에는 어떤 종류의 나무가 있는가를 파악하는 것만으로는 부족하다. 나무 둥지의 지름이 얼마나 되는지도 세어야 한다. 즉 25cm 둥지, 30cm 둥지, 35cm 둥지 등으로 나누어야 한다. 그렇기 때문에 우리가 앞에서 알아보았듯이 4칸이 아니라 더 많은 칸을 만들어야 한다. 비로소 여러분이 익숙한 평범한 방법으로 나무를 센다면 숲을 몇 바퀴 돌아야 할지 상상이 될 것이다.

이렇듯이 무엇을 센다는 것은 그것이 한 가지일 때는 쉽다. 하지만 여러 가지 종류가 되면 복잡해진다. 이때에는 위에서 설명한 방법으로 센다면 쉬워질 것이라는 것을 누구도 의심하지 않는다.

05

확률 이야기

확률론은 재미있게도 도박사들의 요구에 의해서 만들어진 것입니다. 도박이라는 것이 우연에 기초한 게임이었기 때문에 미래의 우연을 보다 정확하게 수학적으로 계산할 수 없을까 하는 것이 도박사들의 관심이었던 것입니다. 17세기 프랑스의 수학자 파스칼은 동료와 함께 도박사들의 이러한 관심을 연구하게 되었고, 여기서 그는 '확률' 이라는 표현을 처음으로 썼다고 합니다. 과학기술이 발전함에 따라서 확률에 관한 이론은 정밀 관측에서 생기는 오차까지도 해명하는 수학의 중요한 분야로 자리잡게 되었습니다.

이 장에 소개하는 이야기들은 여러분을 이러한 확률론의 기초가 되는 경우의 수와 초보적인 확률 계산의 세계로 안내해 줄 것입니다. 그리고 확률론의 맹점도 여러분은 보실 수 있습니다.

1. 수학자의 내기

어느 휴일이었다. 한 수학자의 집에 마을 사람들이 놀러와 점심식사를 하게 되었다. 식사 중에 이런저런 대화를 나누다가 어쩌다보니 화제가 '확률은 어떻게 계산되는가?' 하는 문제로 모아져 버렸다. 집주인인 젊은 수학자가 동전을 하나 꺼내들고는 말을 시작했다.

"이 동전을 식탁 위로 던지겠습니다. 그림이 있는 면이 나올 확률은 얼마나 될까요?"

"우선 '확률'이라는 게 무엇인지부터 설명해 주세요. 사실 많은 사람들이 그 의미를 제대로 알고 있지 못한 것 같으니 말입니다."

누군가가 말했다.

"그럼, 그렇게 하죠. 단순한 거예요. 식탁 위에 떨어지는 동전은 그림이 위로 놓이게 되거나 숫자가 위로 놓이게 됩니다. 여기서 일어날 수 있는 모든 경우의 수는 2가지뿐입니다. 이 2가지 경우의 수 중 우리가 관심을 갖는 것은 1가지뿐입니다. 그러니까 다음과 같은 식이 나옵니다.

$$\frac{\text{기대하는 경우의 수}}{\text{일어날 수 있는 모든 경우의 수}} = \frac{1}{2}$$

이 $\frac{1}{2}$은 동전의 그림이 있는 면이 위로 나올 확률을 나타내는 것입니다. 즉, 확률이란 어떤 일이 일어날 가능성을 숫자로 나타낸 것입니다. 따라서 반드시 일어날 사건은 '1'로 표시되고, 절대로 일어나지 않는 사건은 '0'으로 표시되는 것입니다."

"동전의 경우는 간단하지만…"

어떤 사람이 말을 끊었다.

"그래요, 동전은 너무 쉽네요. 좀 더 복잡한 경우, 예를 들면 주사위의 경우는 어떤가요?"

"그럼 한번 보죠. 여기 주사위가 있습니다. 일정한 숫자가 위로 나오는 경우의 확률, 가령 5가 나올 경우의 수는 얼마일까요? 자 보세요. 주사위는 여섯 면으로 이루어져 있습니다. 6가지 경우의 수가 있다는 말입니다. 우리가 원하는 숫자 5는 그 중의 하나입니다. 그러므로 이 경우의 확률은 $\frac{1}{6}$이 되는 것입니다."

"어떤 경우라도 확률을 구할

그림 1 → 주사위

확 률 이 야 기 ● 141

수 있나요? 예를 들어서, 제가 지금 창밖을 내다봤을 때 지나가는 첫 번째 사람이 남성이라고 예상을 한다면 저의 예상이 맞을 확률은 얼마가 되는 거죠? 그것도 계산할 수 있으세요?"

"물론입니다. 이때 확률은 정확하게 $\frac{1}{2}$ 이죠. 물론 젖먹이도 남자라고 한다면 말이죠. 이 세상의 남성의 수와 여성의 수는 거의 같으니까요."

"그럼, 처음 두 사람이 남성일 경우에는 확률이 어떻게 되나요?"

또 다른 사람이 물었다.

"이 경우에는 조금 복잡해집니다. 자, 이때의 경우의 수를 한번 살펴봅시다.

첫째, 두 사람 다 남성인 경우

둘째, 처음은 남성 다음은 여성인 경우

셋째, 처음은 여성 다음은 남성인 경우

넷째, 둘 다 여성인 경우입니다.

즉 일어날 수 있는 경우의 수는 4가지입니다. 그 중의 우리가 기대하는 것은 1가지이므로 확률은 $\frac{1}{4}$ 이 됩니다. 이것으로 방금 물어보신 문제는 해결되었을 것 같습니다."

"잘 알겠어요. 그럼 처음 3명이 모두 남성일 확률은 어떻게 되죠?"

"그것도 계산해 보시면 됩니다. 우선 경우의 수가 얼마나 되는지 알아보죠. 두 사람이 지나가는 경우의 수는 이미 우리가 알고 있는 것처럼 4가지입니다. 여기에 세 번째 사람을 더하게 되면 일어날 수 있는 경우의 수는 2배가 됩니다. 왜냐하면 두 사람이 지나가는 경우의 수 4가지 각각에 세 번째 사람으로 올 가능성, 즉 남성이거나 여성이거나의 2가지가 더

해지기 때문입니다. 따라서 모든 경우의 수는 4×2=8 이 됩니다. 여기에서 우리가 원하는 경우는 단 한 가지이므로 확률은 $\frac{1}{8}$ 이 되는 겁니다. 여러분들은 이제 규칙을 어느 정도 알 수 있을 것입니다. 2명이 지나갈 경우 우리는 $\frac{1}{2} \times \frac{1}{2} = \frac{1}{4}$ 의 확률을 갖게 되었고 3명의 경우는 $\frac{1}{2} \times \frac{1}{2} \times \frac{1}{2}$ 의 계산을 하면 되고 4명의 경우는 $\frac{1}{2}$ 을 4번 곱해 주면 됩니다. 그 다음도 같은 방법으로 하면 됩니다. 결국 확률은 계속해서 줄어들게 되는 겁니다."

"그럼 10명이 지나간다고 하면 어떻게 된다는 말입니까?"

"그러니까 10명이 모두 남자인 경우를 물어보시는 거죠? 10명에 대한 계산은 경우의 수가 많아집니다. 계산을 하면 그 수는 $\frac{1}{1,024}$ 입니다. $\frac{1}{1,000}$ 보다 작다는 것입니다. 만약 당신이 이런 가능성에 대해 1루블을 건다면 나는 이런 일이 일어나지 않는 쪽에 1,000루블을 걸겠어요."

"오! 괜찮은 내기인데요."

누군가의 목소리가 들렸다.

"1,000루블을 벌 수 있는 가능성이 있다면 1루블 정도야 기꺼이 걸 수 있겠어요."

"하지만 당신이 이길 수 있는 가능성은 $\frac{1}{1,000}$ 도 안된다는 사실을 알아야 합니다."

"상관없어요. 난 1,000루블을 벌기 위해서 1루블을 투자하는 거잖아요. 누가 알아요, 100명의 남자만 지나갈지."

"그런 경우가 얼마나 확률이 낮은지 생각해 보셨나요?"

수학자가 물었다.

"백만 분이 일, 뭐 그런 정도인가요?"

"아니요 더 적어요. 20명만 계산을 하여도 벌써 백만 분의 일이 되죠. 백 명이 남자인 경우는…… 종이 좀 줘봐요. 억, 조…… 경…… 그러니까…… 30개의 0을 가진 수 분의 일정도 되는 거죠?"

"그것 밖에 안되요?"

"0이 30개라는 게 부족하다는 건가요? 아마도 바닷물을 물방울로 세어도 그것의 $\frac{1}{1,000}$ 도 안될 거요."

"엄청난 수로군요. 그럼 제가 1루블을 걸면 당신은 얼마를 걸 건가요?"

"하하하, 무엇이든지! 내가 가진 모든 것을 걸죠."

"모두 다 말인가요? 그건 너무 많아요. 당신 자전거를 거세요. 안 거실 건가요?"

"왜 안 하겠어요. 그렇게 하죠. 원하신다면 자전거를 걸죠. 저야 손해 볼 것 없죠."

"나도 손해 볼 것 없어요. 푼돈이잖아요. 그 대신 자전거를 얻을 수도 있지만 당신은 뭐 1루블을 얻을 것이니……"

"당신은 확실히 내기에 질 거예요. 자전거는 결코 당신 것이 될 수 없어요. 당신의 푼돈은 이미 내 주머니에 있다고 해도 과언이 아니죠."

"자네 무슨 짓이야. 그런 푼돈에 자전거를 걸다니 …… 바보 아니야!" 수학자의 친구가 말렸다.

"그 반대야. 이런 조건에 푼돈을 거는 사람이 정신이 나간 거지. 확실하게 지거든. 그냥 돈을 길거리에 버리는 게 나을걸."

"하지만 어쨌거나 한번이라는 기회는 있잖아?"

"바닷물 안의 물방울 하나라니까. 아니 바다 10개에. 그게 당신의 기회죠. 난 물방울 하나에 바닷물 전체죠. 내가 이긴다는 것은 2곱하기 2가 4라는 것처럼 당연한 거죠."

"젊은 친구 실수 하는 거야. 실수하는 것이고 말고."

계속해서 아무 말없이 듣던 한 노인의 조용한 목소리가 들렸다.

"무슨 말씀이세요? 교수님도 다른 사람과 같은 생각이라는 것입니까?"

"확률이 어떠한 조건에서나 같게 나타나지 않는다는 것을 알아야 해. 확률은 일정한 조건을 충족시켜주어야 해. 그렇게 되어야지 정확한 확률이 나와. 안 그런가? 난 지금 자네의 실수를 지적하고 싶네. 지금 멀리서 군가가 들리고 있어. 안 들리는가?"

"군가 이야기는 왜 하시는 거죠?"

젊은 수학자가 말을 시작하다가 갑자기 굳어버렸다. 그의 얼굴에는 당황한 빛이 역력했다. 그는 황급하게 창가로 가서 고개를 내밀었다.

"그렇군요. 내기에 졌군요. 자전거를 잃었어요. 아까운 내 자전거……"

그의 풀이 죽은 목소리가 들렸다.

잠시 뒤에 모든 사람들은 무슨 일이 일어났는지 알 수 있었다. 창밖에는 한 부대의 군인들이 시가행진을 하고 있었다.

2. 동전 옮기기

어렸을 때 형은 내게 동전으로 하는 재미있는 게임을 보여준 적이 있다. 3개의 접시를 나란히 놓고 맨 오른쪽의 접시에 다섯 개의 동전을 올려놓았다. 맨 아래에는 1루블 동전을 그 위에 50코페이카, 그 위에 20코페이카 동전, 그 위에 15코페이카 동전, 맨 위에 10코페이카 동전을 올려놓았다.

"자, 이 5개의 동전을 맨 왼쪽의 접시 위로 움직여야 된다. 단 다음의 3가지 법칙을 준수해야 한다."

그 3가지 규칙은 다음과 같았다.

첫째, 한 번에 하나의 동전만 움직일 수 있다.
둘째, 금액이 적은 동전 위에는 금액이 큰 동전을 올려놓을 수 없다.
셋째, 움직이는 동안에는 가운데 접시에 동전이 올 수도 있지만 마지막에는 동전이 처음에 놓은 순서대로 왼쪽의 접시에 놓여야 한다.

"간단한 규칙이지. 한번 풀어 볼래?"

나는 동전을 옮기기 시작했다. 10코페이카 동전을 맨 왼쪽으로 옮겨 놓았고, 15코페이카 동전을 중앙의 접시로 옮겨 놓았다. 그리고 고민을 하였다. 20코페이카 동전은 어디에 놓아야 할까? 20코페이카는 10코페이카나 15코페이카보다도 크지 않은가?

"왜 그래? 10코페이카 동전을 중앙의 15코페이카 동전 위로 옮겨놔. 그러면 20코페이카를 놓을 수 있는 3번째 접시가 생기잖아."

형이 나를 도와주었다.

나는 형이 시키는 대로 했다. 그 다음은? 50코페이카 동전을 놓을 자리가 없었다. 하지만 난 곧 문제를 풀 수 있었다. 10코페이카 동전을 맨 처음 접시로 옮긴 다음에 15코페이카 동전을 3번째 접시로, 그 다음 10코

그림 2 → 형은 내게 재미있는 게임을 보여주었다.

페이카 동전을 3번째 접시로 옮겼다. 이제 비어 있는 가운데 접시에 50 코페이카 동전을 옮겨 놓을 수 있었다. 그 다음 나는 오랫동안 동전의 자리를 옮기면서 마침내 1루블의 동전을 옮길 수 있었다. 그리고 모든 동전을 3번째 접시로 옮겨 놓았다.

"잘했다. 동전을 모두 몇 번이나 옮겼지?"

형은 칭찬을 하면서 나에게 물어보았다.

"안 셌는데……"

"한번 세어보자. 동전을 몇 번 움직이는 것이 가장 적게 움직여서 세 번째 접시로 모든 동전을 옮기는 것인지 알아보자. 우선 동전 5개가 아니라 15코페이카와 10코페이카 동전 2개라고 가정을 해보자. 몇 번 움직여야 할까?"

"3번이지. 10코페이카 동전을 중간 접시에 놓은 후 15코페이카 동전을 3번째 접시에 옮기고 다시 10코페이카 동전을 3번째 접시로 옮기면 되지."

"맞았어. 그럼 20코페이카 동전이 하나 더 있다고 해보자. 이런 경우에는 몇 번을 움직여야 할까? 이런 식으로 하면 되지. 처음에 값이 적은 2개의 동전을 가운데 접시에 옮기는 거야. 이렇게 하기 위해서는 앞에서 알아봤듯이 3번 움직여야 하지. 그 다음에 20 코페이카 동전을 비어있는 3번째 접시로 옮기는 거야. 한 번 움직이는 거지. 그 다음에 중간 접시에 있는 동전 2개를 3번째 접시로 옮기는 거야. 이때에도 마찬가지로 3번 움직여야 하지. 그러면 3+1+3=7 번 움직이는 것이지."

"4개의 동전에 대해서는 내가 한번 계산 해볼게. 처음에 값이 적은 3개의 동전을 가운데 접시로 옮기는데 7번이 필요하고, 50코페이카 동전을 3번째 접시로 옮기니까 한 번이 더 필요하고, 다시 3개의 동전을 3번째 접시로 옮겨야 하니까 7번이 더 필요하니까 결국 7+1+7=15번이네."

"훌륭해. 그럼 동전 다섯 개는?"

"15+1+15=31."

난 바로 답을 말하였다.

"이런, 이제 식을 외워 버렸네. 이제 식을 더 간단하게 만드는 법을 가르쳐 줄게. 우리가 계산한 답이 3, 7, 15, 31이었어. 이 숫자를 주의 깊게 살펴봐. 어떤 수나 모두 2를 몇 번씩 곱한 후에 1을 빼면 그 수가 나오지. 잘 봐."

형은 식을 써 내려갔다.

$3 = 2 \times 2 - 1$

$7 = 2 \times 2 \times 2 - 1$

$15 = 2 \times 2 \times 2 \times 2 - 1$

$31 = 2 \times 2 \times 2 \times 2 \times 2 - 1$

"그러네. 몇 개의 동전이 있다면 그 동전의 개수만큼 2를 곱해주고 1을 빼면 되네. 이제는 동전이 몇 개라도 얼마나 움직이면 되는지 알 수 있겠는걸. 예를 들어서 7개의 동전이라면 $2 \times 2 \times 2 \times 2 \times 2 \times 2 \times 2 - 1 = 128 - 1 = 127$이네."

"훌륭한데. 이 오래된 문제를 완벽하게 이해했네. 이젠 완전히 계산의 달인이 되었는걸. 하지만 하나 더 네가 알아야 할 게 있어. 만약 동전의 개수가 홀수라면 첫 번째 동전을 세 번째 접시에 놓아야 하고 짝수라면 가운데 접시에 놓아야 해."

"알았어. 그런데 형은 이게 오래된 게임이라고 했는데, 이거 형이 생각해낸 게 아니야?"

"아니야. 난 원래 게임에서 링을 동전으로 바꾸기만 한 거야. 이 게임은 아주 오래 전에 인도에서 시작된 것이라고 해. 이 게임에 얽힌 재미있는 전설이 있지.

바라나시라는 도시에 아주 오래된 사원이 하나 있대. 그곳에는 인도의 신 브라마(梵天)가 세계를 창조할 때 다이아몬드로 만든 세 개의 막대기를 지구의 중심에 박아 넣고는 거기에 금으로 만든 64개의 링을 끼워 두었다는 거야. 이 64개의 링은 서로 크기가 달라서 맨 아래에 있는 것이 가장 큰 것이고 위로 갈수록 점점 작은 고리가 큰 고리 위에 오도록 끼워져 있어서 고리의 전체 모양이 원뿔처럼 되어 있었다고 알려져 있어.

사원의 승려들은 하루 종일 쉬지 않고 이 링들을 첫 번째 막대기에서 두 번째 막대기로 옮겼대. 이때 내가 동전 옮기기에서 이야기한 규칙을 지켜야 하는 거야. 한 번 옮길 때 하나의 링만 움직일 수 있으며 큰 링을 작은 링 위에 올려놓으면 안되는 거지. 그런데 이걸 왜 만들었는지 궁금하지 않아? 전설에서 말하기를 64개의 링이 모두 옮겨진다면 세상의 종말이 온다는 거야."

"저런, 만약 그 전설이 사실이라면 이미 오래 전에 세상이 멸망했어야 하는 거 아니야?"

"64개의 링을 옮기는데 그렇게 많은 시간이 걸리지 않을 거라고 생각하

그림 3 → 승려는 링을 옮겨야 한다.

는구나"

"물론이지. 만약 1초에 한 번씩 옮긴다면 한 시간에 3600번을 옮길 수 있잖아."

"그래서?"

"그럼 하루에 약 십만 번을 움직일 수 있고, 십일이면 백만 번을 움직일 수 있잖아. 백만 번 정도만 옮기면 모르긴 몰라도 천 개의 링도 옮길 수 있을걸."

"아니야, 그건 네가 잘못 생각하는 거야. 네가 이야기한 대로 64개의 링을 옮기려면 대충 잡아도 오천억 년은 걸릴 걸. 약 천팔백경 번을 옮겨야 하거든."

"어떻게 그렇지? 한마디로 옮길 수 있는 경우의 수는 2를 64번 제곱해서 1을 뺀 수와 같잖아. 잠깐만, 내가 한번 계산해 볼게."

"맘대로 해라. 네가 계산을 하는 동안 난 잠깐 내 볼일을 보마."

형은 내가 계산을 하도록 내버려두고 나갔다. 난 2의 16제곱의 값인 65,536을 한 곳에서 찾았다. 그리고 그 수를 제곱하였다. 그렇게 제곱을 해서 나온 수를 다시 제곱을 하였다. 그리고 마지막에 1을 빼주는 것도 잊지 않았다. 이렇게 해서 나온 수는 다음과 같았다.

$$18,446,744,073,709,551,615$$

형의 말이 옳았다. 이 회수라면 1초에 한 번씩 옮긴다 해도 거의 580,000,000,000년이나 걸리는 것이었다. 전설에 의하면 이 고리 옮기기가 끝나면 세계의 종말이 온다고 했는데 그렇다면 이 오천팔백억 년이란 세월은 어느 정도의 시간일까?

지금까지 학자들이 조사한 몇 가지 수치를 살펴보면 다음과 같다.

우주의 나이 ——————————— 13,700,000,000 살
태양의 나이 ——————————— 4,600,000,000 살
지구에서의 생명이 시작된 기간 ———— 3,850,000,000 년
지구에서 인류의 삶이 시작된 기간 ———— 2,000,000 년

따라서 이 고리 옮기기가 끝나려면 지금 우리가 알고 있는 우주의 역사보다 30배나 되는 엄청난 시간을 필요로 한다. 결국 전설이 사실이라면 지구의 종말은 실로 영원한 세월 뒤에 있는 것이다.

3. 웨이터의 제안

10명의 학생들이 고등학교를 마치고 졸업 기념으로 식사를 같이 하기로 했다. 모두들 모여서 자리에 앉으려고 할 때 어떻게 앉을까 하는 고민이 생겼다. 한 사람은 알파벳 순서로 앉자고 제안을 했고, 어떤 사람은 생일 순서로, 어떤 사람은 성적 순서로, 어떤 사람은 키 순서로 앉자고 제안했다. 논란이 길어지자 수프는 물론이고, 음식도 식어가고 있었다. 하지만 아무도 자리에 앉을 수 없었다. 그러자 이를 지켜보던 나이든 웨이터가 들어와서 다음과 같은 말로 학생들의 언쟁을 그만두게 만들었다.

"학생들, 내게 좋은 의견이 있는데 좀 들어보겠어? 일단 원하는 대로 마

그림 4 → 일단 원하는 대로 아무 곳이나 앉아봐……

음대로 아무 곳이나 앉아봐. 그리고 내 말을 주의 깊게 들어봐."

모두들 눈에 뜨이는 대로 자리에 앉았다. 웨이터가 말을 계속했다.

"여러분 중의 한 명이 오늘 어떻게 자리에 앉았는지 적도록 해. 그리고 내일 다시 이곳에 와서 다른 방법으로 앉아. 그리고 모레는 또 다른 방법으로, 이렇게 모든 가능성을 한번 시도해보는 거야. 그리고 오늘 여러분이 앉은 대로 다시 앉게 되는 날이 오면 그 날부터는 내가 여러분들에게 매일 무료로 식사를 제공해 주겠어."

모두에게 대단히 매력적인 제안이었다. 모두들 웨이터의 제안이 마음에 들었다. 하루빨리 무료 식사를 즐길 수 있도록 매일 이 레스토랑에 모여서 항상 다른 방법으로 앉기로 결정하였다.

하지만 불행하게도 학생들은 그 날을 맞이할 수 없었다. 그것은 웨이터가 약속을 지키지 않았기 때문이 아니라 앉을 수 있는 경우의 수가 너무나 많았기 때문이다. 그 수는 3,628,800가지였다. 이 수를 날짜로 계산을

그림 5 → 매일 이 레스토랑에 모여서 매일 다른 방법으로 앉기로 결정하였다.

하면 거의 10,000년이 필요하기 때문이다.

I

10명이 앉을 수 있는 경우의 수가 그렇게 많다는 것이 믿기지 않을 수 있다. 한번 알아보자.

우선 순서를 결정하는 것이 어떻게 이루어지는지 알아야 한다. 먼저 문제를 단순화하기 위해 물건의 수가 적은 경우부터 시작해보자. 우선 3개의 물건을 가지고 알아보자. 이 물건 각각을 A, B, C라고 하면 이것을 배열하는 방법은 다음과 같이 생각할 수 있다.

만약 마지막에 물건 C를 당분간 생각하지 않는다면 A와

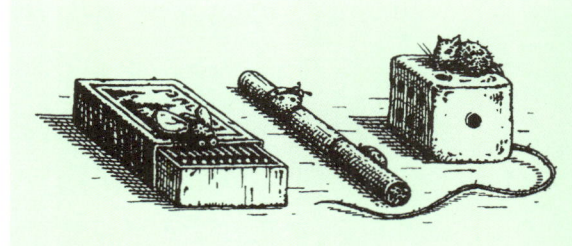

그림 6 → 물건을 A, B, C라고 하자.

B를 나열할 수 있는 경우는 2가지밖에 없다(그림 7).

이 2가지 경우 중 하나에 C를 배치해 보자. 그러면 다음과 같은 세 가지 경우가 있다.

1) C를 나머지 두 물건 뒤에 놓는 경우
2) C를 나머지 두 물건 앞에 놓는 경우
3) C를 나머지 두 물건 사이에 놓는 경우

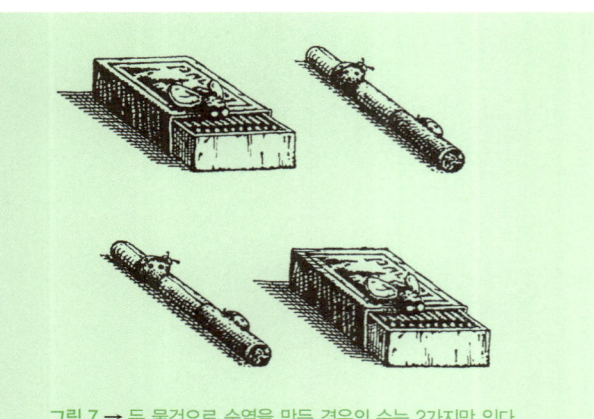

그림 7 → 두 물건으로 순열을 만든 경우의 수는 2가지만 있다.

물건 C를 놓는 경우는 위의 3가지 경우 외에는 있을 수가 없다. 즉 두 물건의 순서를 AB, BA로 놓을 수 있고 각각의 경우가 3가지이므로 2×3=6이다. 그림 8을 보라.

계속해서 4개의 물건, 즉 A, B, C, D가 있다고 가정을 하자. 이번에도 물건 D를 한쪽 끝에 놓아보자. 그리고 다른 나머지 3개의 물건을 모든 경우의 수를 동원해서 놓아보자. 이 경우 우리는 이미 3개의 물건을 나열하는 방법이 6가지가 있다는 것을 알고 있다. 그렇다면 물건 D와의 관계 속에서 나머지 세 물건을 어떻게 놓을 수 있는지 알아보자. 다음과 같은 4가지 경우가 나온다.

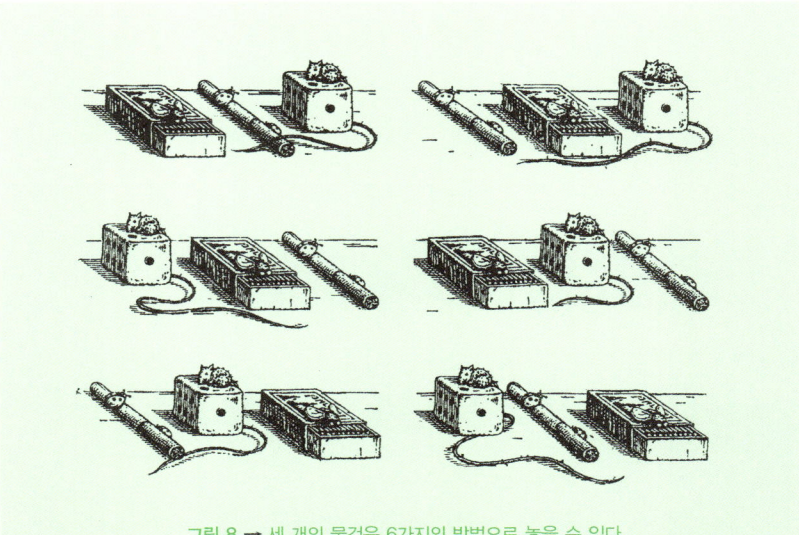

그림 8 → 세 개의 물건은 6가지의 방법으로 놓을 수 있다.

1) D를 나머지 세 물건 뒤에 놓는 경우
2) D를 나머지 세 물건 앞에 놓는 경우
3) D를 첫 번째 물건과 두 번째 물건 사이에 놓는 경우
4) D를 두 번째 물건과 세 번째 물건 사이에 놓는 경우

이러한 경우가 모두 6가지이므로 6×4=24가지의 경우의 수가 나온다.

이제까지의 수를 정리해 보면

$1 \times 2 = 2$

$1 \times 2 \times 3 = 6$

$1 \times 2 \times 3 \times 4 = 24$

라고 이야기할 수 있다.

이런 식으로 계산을 하게 되면 5가지의 물건을 가지고 나열하는 경우의 수는 $1\times2\times3\times4\times5=120$이 나오고 6가지 물건을 가지고 경우의 수를 계산하면 $1\times2\times3\times4\times5\times6=720$이 나온다.

이제 처음에 나온 10명을 가지고 경우의 수를 알아보자. $1\times2\times3\times4\times5\times6\times7\times8\times9\times10$을 계산하는 수고를 하면 그 수가 나온다. 그 계산의 답은 3,628,800이다.

II

만약 학생들 중에 여학생이 5명이 있고 이 여학생들이 남학생의 옆에만 앉고자 할 경우에는 문제가 더욱 복잡해진다. 이때 경우의 수는 훨씬 적어지지만 계산은 훨씬 복잡해진다.

우선 1명의 남학생을 자리에 상관없이 앉게 하자. 의자가 10개이므로 이 경우의 수는 10이다. 그러면 나머지 4명의 남학생들은 여학생을 위한 자리를 제외한 자리에 마음대로 앉을 수 있다. 이 경우는 $1\times2\times3\times4=24$가지 경우가 나온다. 즉 $10\times24=240$의 경우의 수가 생기게 된다.

남학생들 사이에 1명의 여학생이 앉을 수 있는 경우의 수는 얼마일까? 그것은 $1\times2\times3\times4\times5=120$가지라는 것을 우리는 앞에서 알아보았듯이 쉽게 알 수 있다. 그래서 이 120가지의 경우의 수는 앞의 240 경우의 수에 모두 가능하므로 $240\times120=28,800$이다.

이 수는 앞에 나온 수보다 매우 작고 겨우 79년 정도 걸리는 경우의 수이다. 만약 학생들이 100살까지 산다면 그 웨이터는 아니더라도 약속을 지키려는 웨이터의 후손이 있다면 그에게서라도 무료 식사를 제공받을 수는 있을 것이다.

III

이 문제를 응용해서 학교와 관련된 문제를 한번 알아보자.

학교의 한 반은 25명이다. 이들을 책상에 앉히려고 할 때 몇 가지의 경우의 수가 나올까? 앞의 이야기를 주의 깊게 읽은 사람들에게 이 문제는 그렇게 어려운 문제가 아니다. 단지 $1 \times 2 \times 3 \times 4 \times 5 \times 6 \cdots\cdots \times 23 \times 24 \times 25$를 해주기만 하면 된다.

다만 이 곱셈은 복잡하고 계산을 간단하게 할 수 있는 방법이 없다. 이 모든 수를 몇 개의 묶음으로 나눠서 열심히 곱해야 한다는 것이다. 수학적 계산에서는 1에서 n까지 모든 자연수의 곱을 구하는 계산이 여러 번 사용될 때가 있다. 그래서 수학에서는 일반적으로 이런 곱셈을 간단히 $n!$(팩토리얼)이라는 기호로 나타내고 'n의 계승'이라고 한다. 예를 들어 위의 곱셈은 간단히 $25!$로 나타낸다.

만약 이를 계산한다면 어떻게 될까? 아마 우리가 상상할 수 없는 거인 수가 나올 것이다. 그것은 15,511,210,043,330,985,984,000,000가지의 경우의 수이다. 지금까지 우리가 알아본 수들 중에서는 가장 큰 수이다. 이것은 일조의 십오조배에 이르는 거대한 수로 십오자오천백십이해천사경삼천삼백삼십조구천팔백오십구억팔천사백만이다. 일조라는 수가 어느 정도인지를 알아보면 이 수의 거대함이 느껴질 것이다.

여기 일조 루블이 있다. 이 돈을 모두 1루블짜리로 바꾸고 1루블을 세는데 1초가 걸린다고 가정을 하자. 일조 루블을 모두 세기 위해서는 쉼없이 사만 년 이상이 지나서야 비로소 일이 끝나게 된다. 그런 일조를 일조 배하고도 10배를 더 해야 하는 수이니 거인수라고 불릴만한 충분한 자격이 있지 않을까?

비밀운동과 수학

지하운동가의 비밀 편지

러시아 혁명을 준비하던 혁명가들은 아무도 알아보지 못하도록 여러 가지 방법으로 '비밀 편지'를 써야만 했다. 이러한 비밀편지는 혁명가들뿐만이 아니라 외교적 비밀을 다루는 사람들에게도 필요했다. 우리는 여기서 당시의 혁명가들과 정치가들이 사용을 했던 한 가지 방법에 대해서 이야기해 보도록 하자. 이 방법은 '바둑판' 방법이었다. 이 방법은 수학과 밀접한 연관이 있다. 비밀 편지를 주고받는 사람들은 모두가 '바둑판'을 가지고 있었다. 이것은 그림 9와 같이 바둑판 모양의 사각형에 몇 개의 작은 사각형을 오려내어 창을 만든다. 창은 제멋대로 위치하고 있는 것이 아니라 일정한 법칙에 의해서 만들어진 것이다.

예를 들어서 동료에게 다음과 같은 글을 써 보내야했다고 하자.

그림 9 → 비밀 편지를 위한 바둑판

"회의를 취소하시오. 누군가 경찰에게 알린 것 같소. 안톤."

종이 위에 바둑판을 올려놓고 창에 자음과 모음을 하나씩 써내려 간다. 전체 창의 개수가 16개 이므로 글자는 다음과 같이 채워 넣을 수 있다. 즉 "ㅎㅗㅣㅇㅡㅣㄹㅡㄹㅊㅜㅣㅅㅗㅎㅏ"이다. 바둑판을 빼내면 그림 10과 같은 내용을 볼 수 있다.

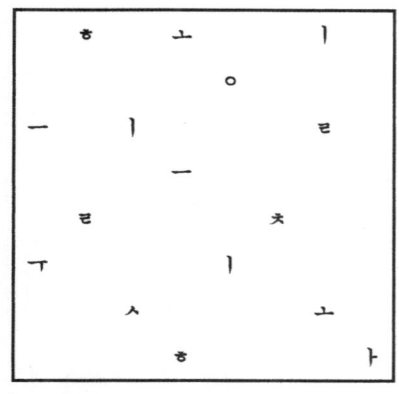

그림 10

여기서 우리는 별로 비밀스러운 것을 발견하지 못한다. 누구나 무엇을 쓴 것인지 쉽게 알 수 있다. 그러므로 지하 운동가는 바둑판을 시계방향으로 90도 회전시킨다. 즉 그림의 숫자 2가 1의 자리에 오게 한다. 이렇게 하면 모든 16개의 창이 비어있게 된다. 그러면 다시 창에 자음과 모음을 쓴다. 바둑판을 떼어내면 그림 11과 같이 된다.

이렇게 작성된 글은 제 삼자는 물론 바둑판이 없는 자기 동료들도 이해할 수 없는 글이 된다. 하지만 이것은 반 밖에 작성이 되지 않은 것이다. 그 내용은 "회의를 취소하시오. 누군가 경차"까지이다. 계속해서 글을 쓰기 위해서는 한 번 더 시계방향으로 90도를 회전시키고 숫자 3이 위로 가게 만든다. 그리고 16개의 자음과 모음을 쓴다. 이렇게 쓴 것은 그림 12와 같이 된다.

그리고 마지막으로 회전을 시킨 후 4가 위로 가게 만들고 16칸에 나머지를 쓰면 된다. 그리고 남게 되는 창은 별 의미가 없는 자음과 모음으로 채워 넣는다. 이것은 단순하게 공간을 채우기 위한 작업이다. 이렇게 되면 편지는 그림 13과 같은 모습이 된다.

이 그림을 보고 무엇이 써있는지 한번 알아맞혀 보아라! 이 편지가 경찰 손에 들어가게 되었고 무언가 숨겨진 내용이 있다는 것을 알더라도 내용을 추측한다는 것은 거의 불가능하다. 아마 단어 하나도 찾아내지 못할 것이다. 이 편지를 읽을 수 있는 유일한 사람은 편지를 쓴 사람과 똑같은 바둑판 표를 가지고 있는 사람이다.

편지를 받은 사람은 어떻게 읽을까? 우선 편지를 받은 사람은 숫자 1이 위로 오게 하여서 16개의 자음과 모음을 쓴다. 그리고 계속해서 16개씩의 자음과 모음을 쓰면 마지막에는 모든 내용

	ㅎ	ㅅ	ㅗ		ㅣ	ㅣ	
			ㅇ	ㅇ			ㅗ
ㅡ	ㄴ	ㅣ			ㅜ	ㄹ	
ㄱ			ㅡ	ㅜ			ㄴ
	ㄹ	ㄱ			ㅊ	ㅏ	
ㅜ			ㄱ	ㅣ			
	ㅋ	ㅅ			ㅇ	ㅗ	ㅊ
ㅏ			ㅎ				ㅏ

그림 11

ㄹ	ㅎ	ㅅ	ㅗ	ㅇ	ㅣ	ㅣ	
	ㅓ		ㅇ	ㅇ	ㅣ		ㅗ
ㅡ	ㄴ	ㅣ	ㄱ		ㅜ	ㄹ	ㅓ
ㄱ		ㅣ	ㅡ	ㅜ		ㅇ	ㄴ
	ㄹ	ㄱ		ㅏ	ㅊ	ㅏ	
ㅜ	ㄹ		ㄱ	ㅣ	ㄹ		ㅣ
	ㅋ	ㅅ	ㄴ		ㅇ	ㅗ	ㅊ
ㅏ	ㄱ		ㅎ	ㅓ		ㅅ	ㅏ

그림 12

ㄹ	ㅎ	ㅅ	ㅗ	ㅇ	ㅣ	ㅣ	ㄱ
ㅏ	ㅓ	ㅌ	ㅇ	ㅇ	ㅣ	ㅅ	ㅗ
ㅡ	ㄴ	ㅣ	ㄱ	ㅗ	ㅜ	ㄹ	ㅓ
ㄱ	ㅇ	ㅣ	ㅡ	ㅜ	ㅏ	ㅇ	ㄴ
ㄴ	ㄹ	ㄱ	ㅌ	ㅏ	ㅊ	ㅏ	ㅗ
ㅜ	ㄹ	ㄴ	ㄱ	ㅣ	ㄹ	ㄱ	ㅣ
ㅁ	ㅋ	ㅅ	ㄴ	ㅊ	ㅇ	ㅗ	ㅊ
ㅏ	ㄱ	ㅎ	ㅎ	ㅓ	ㅑ	ㅅ	ㅏ

그림 13

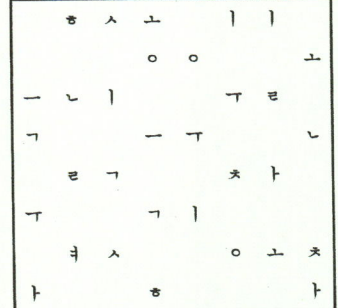

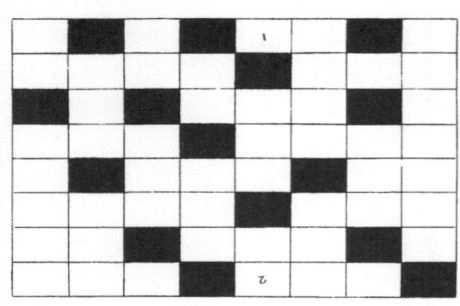

그림 14 → 엽서 모양의 바둑판 표

을 알게 된다.

정사각형으로 된 바둑판 표를 대신해서 엽서 모양의 바둑판을 이용할 수도 있다(그림 14). 이런 경우에는 창에 자음이나 모음 하나를 쓰는 것이 아니라 몇 개의 자음과 모음을 쓰거나 단어 하나를 쓴다. 이렇게 되면 비밀이 쉽게 드러나지 않을까 걱정이 되는가? 내 생각에 그것은 기우에 불과하다. 비록 일정한 단어나 음절이 보이기는 하나 마찬가지로 무작위로 씌어져 있는 것 같아서 비밀을 밝힌다는 것은 어려운 일이다. 이러한 바둑판 표는 처음에 1이 위로 가게 만들어서 글을 쓴 뒤 다음에 뒤집어서 글을 쓴다. 그리고 왼쪽으로 한 칸 옮겨서 다시 글을 쓰게 되면 총 4번의 글을 쓸 수 있게 된다. 이때 창은 서로 겹치지 않음을 볼 수 있다.

만약 이러한 바둑판 표가 한 가지 형태로만 만들어진다면 비밀 편지를 쓰는데 전혀 도움이 되지 않았을 것이다. 경찰 손에 이러한 비밀 표가 있을 것이고 비밀은 바로 들통이 난다. 하지만 이러한 바둑판 표는 놀랄 만큼 많은 경우의 수를 가지고 있으므로 어떤 것을 사용하였는지 안다는 것은 거의 불가능했다.

64칸을 가지고 있는 바둑판 표로 만들 수 있는 경우는 그림 15에 나타나 있다. 당신은 표에 씌어진 숫자 중에서 아무거나 16개를 선택을 할 수 있다. 단 똑같은 수를 선택해서는 안된다. 우리가 앞에서 사용한 바둑판 표는 다음과 같은 번호를 사용한 것이다.

2, 4, 5

14

9, 11, 7

16

8, 15

3, 12

10, 6

13, 1

1	2	3	4	13	9	5	1
5	6	7	8	14	10	6	2
9	10	11	12	15	11	7	3
13	14	15	16	16	12	8	4
4	8	12	16	16	15	14	13
3	7	11	15	12	11	10	9
2	6	10	14	8	7	6	5
1	5	9	13	4	3	2	1

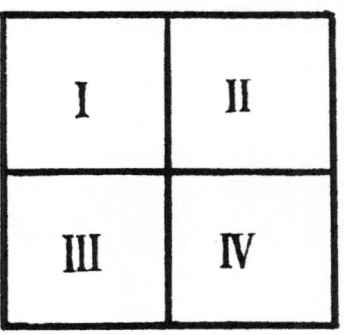

그림 15 → 사십억 개 이상의 경우를 만들 수 있는 바둑판 표.

I	II
III	IV

그림 16

번호가 한번도 반복되지 않았다는 것을 알 수 있다.

그림 15에 씌어진 번호들이 어떤 체계를 가지고 있는가를 아는 것은 어

렵지 않다. 우선 표를 크게 네 개의 사각형으로 나누고 그 번호를 헷갈리지 않게 로마자로 I, II, III, IV라고 하자(그림 16). I번의 사각형에는 번호를 일반적인 순서로 기입하였고, II번의 사각형에도 번호를 순서대로 기입했지만 순서를 오른쪽 위에서 시작해서 아래로 내려갔다. 이것은 I번 사각형을 시계방향으로 90도 돌린 것과 같다. III번은 I번의 사각형을 시계반대 방향으로 90도 돌린 것과 같은 순서로 이루어져 있다. 그리고 마지막 IV번 사각형은 I번 사각형을 180도 돌려놓은 순서이다.

그럼 이제 얼마나 많은 경우의 수가 있는지 한번 알아보자. 자음과 모음을 쓸 수 있는 번호 1의 창은 네 개의 사각형에서 만들 수 있다. 번호 2의 창도 마찬가지로 네 개의 사각형에서 만들 수 있다. 그러므로 두 개의 창을 만들 수 있는 경우는 4×4가 되고, 3개의 창을 만들 수 있는 경우는 $4 \times 4 \times 4$의 경우의 수가 된다. 즉 총 16개의 창을 만들 수 있는 경우의 수는 4^{16}이 된다. 이 경우의 수는 사십억 가지 이상이 된다. 우리가 수 억 가

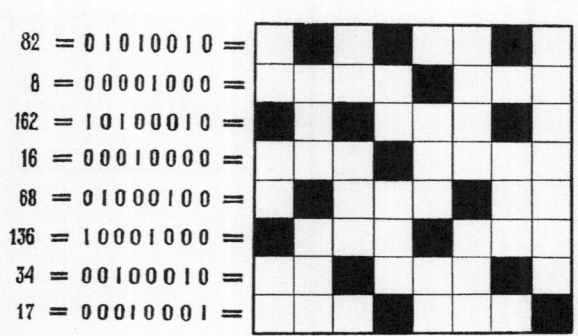

그림 17 → 바둑판표를 수표로 표시하기.

지의 경우를 과장하였다고 하여도(창이 서로 붙어 있으면 사용하기가 편하지 않음으로) 몇 억 가지의 경우의 수가 남아 있다. 이것은 사막의 모래알 같이 많은 경우의 수로 경찰이 이 비밀을 알아낸다는 것은 거의 불가능한 일이다.

물론 편지를 주고받는 양쪽 모두 자신의 바둑판 표가 제 삼자의 손에 들어가지 않도록 해야 할 것이다. 그렇다면 이러한 바둑판 표를 보관하지 않고 편지를 받았을 때 만들어서 사용하고 태워버리면 그런 위험이 없을 것이다. 어떻게 표를 기억할 수 있단 말인가? 우리는 여기서 한 번 더 수학적 도움을 받아보자.

숫자가 써 있는 창을 1 이라고 하고 그렇지 않은 창을 0이라고 하자. 그렇다면 그림 17과 같이 각 열을 나타낼 수 있다.

첫 번째 열을 보자. 왼쪽에 숫자로 표시한 것은 01010010 이다. 이것을 앞의 0을 없애고 1010010 이라고 하자.

두 번째 열은 앞의 0을 없애서 표시를 한다면 1000이 된다.

계속해서 다른 열들을 다음과 같이 순서대로 표시할 수 있다.

10100010; 10000; 1000100; 100010; 10001

이 수를 더욱 간단하게 만들기 위해서 이 수를 10진법이 아닌 2진법에 의해서 씌어진 것이라고 하자. 즉 왼쪽에 있는 숫자는 오른쪽의 숫자의 10배가 아니라 2배를 나타낸다. 맨 오른쪽의 1은 일반 수에서의 1을 의미한다. 그리고 오른쪽에서 두 번째 있는 1은 2를 의미하며 세 번째의 1은 4를, 네 번째는 8을, 다섯 번째는 16을, 여섯 번째는 32를, 일곱 번째는 64를, 여덟 번째는 128을 의미한다. 이런 식으로 본다면 수 1010010은 다음과 같은 수를 나타냄을 알 수 있다(여기서 0은 수가 없음을 의미하므로 1이 있는 것만 계산을 하면 된다).

$$64+16+2=82$$

수 1000은 8을 의미한다.

계속되는 수들은 다음과 같이 바꾸어줄 수 있다.

$$128+32+2=162;\ 16;\ 64+4=68;\ 128+8=136;\ 32+2=34;\ 16+1=17$$

이렇게 나온 수 82, 8, 162, 16, 68, 136, 34, 17를 외우는 것은 이제 그렇게 어려운 일이 아니다. 이들을 외우고 있다면 다시 바둑판 표를 만드는 것은 쉬운 일이다.

어떻게 하는 것일까? 첫 번째 수 82를 가지고 한번 알아보자. 우선 이 수를 2로 나누어서 그 곳에 2가 몇 개나 있는지 알아보자. 41이 나온다. 나머지는 없다. 그러므로 맨 오른쪽의 수는 0이다. 4가 몇 개나 있는지 알아보기 위해서 나온 수 41을 다시 2로 나눈다. 이렇게 되면 몫은 20이 나오고 나머지 1이 나온다. 이것은 오른쪽에서 두 번째 숫자가 1이라는 것을 의미한다.

다음 8이 몇 개가 있는지 알아보기 위해서 20을 2로 나눈다. 답은 10이고 나머지는 없다. 즉 이것은 오른쪽에서 세 번째 숫자가 0이라는 것을 의미한다.

10을 2로 나누면 5로 나누어지고 나머지가 없다. 네 번째 숫자도 0이다.

5를 2로 나누면 몫이 2이고 나머지가 1이다. 다섯 번째 숫자는 1이다.

2를 2로 나누면 몫은 1이고 나머지가 없다. 즉 여섯 번째 숫자는 0이고. 일곱 번째 숫자는 1이 나온다. 이것을 순서대로 나열하면 1010010이 나온다.

즉 7개의 숫자가 나왔다. 하지만 각 열은 8개의 칸을 가지고 있으므로 앞에 0이 하나 빠진 것이다. 그러므로 정확한 수 01010010이 나온다.

즉 첫 열의 2번째, 4번째, 7번째에 오려낸 창이 있다는 것을 의미한다. 다른 열들도 마찬가지로 알아볼 수 있다.

이렇게 비밀 편지에는 다양한 체계가 존재한다. 우리가 여기서 바둑판 표에 관심을 기울인 것은 이것이 수학과 많은 관련이 있고, 우리가 알지는 못하지만 생활 속에 수학이 얼마나 깊이 관여를 하고 있는지를 보여줄 수 있기 때문이다.

06

수열 이야기

수열이라는 단어만 들어도 고개를 절래절래 흔드는 사람들이 많이 있습니다. 하지만 수열은 아주 간단한 법칙만 알면 전혀 어려운 것이 아닙니다. 우리 주위를 살펴보면 수열과 관련된 것들을 볼 수 있습니다. 세포의 분열도 바로 수열로 이루어져 있고, 카운트 다운도 알고 보면 수열로 이루어진 것입니다. 세포의 분열처럼 일정한 비율로 증가하거나 감소하는 것을 등비 수열이라고 하고, 카운트 다운처럼 일정한 수를 더하거나 빼서 생기는 수열을 등차 수열이라고 합니다.

둘 중에서 우리가 어려워 하는 것은 아마도 등비수열일 것입니다. 이 장에 소개되는 이야기들은 등비수열이 만들어내는 거인수에 대한 이야기입니다. 여러분들은 이 장에서 등비수열의 기본 법칙이 무엇인지 알게 되고 수열 앞에서의 막연한 두려움을 떨쳐버리게 될 것입니다.

1. 체스판에 얽힌 전설

체스는 가장 오래된 게임 중의 하나이다. 체스는 약 2000년 동안 존재해 왔다는 것을 정설로 받아들인다. 그러므로 체스에 얽힌 경이로운 이야기들이 많다는 것은 놀라운 일이 아니다. 나는 그 중의 하나를 이야기하도록 하겠다. 그걸 이해하기 위해서 어떻게 체스 게임을 하는지 알 필요는 없다. 게임이 이루어지는 체스판이 64개의 칸으로 이루어져 있다는 것만을 기억하기 바란다.

I

체스는 인도에서 처음 고안되었다고 알려져 있다. 체스를 처음 알게 된 인도 황제 쉐람은 그 무궁무진한 가능성에 매료되었다. 그걸 고안한 사람이 자신의 백성 중의 한 명이라는 것을 알게 된 황제는 그를 궁으로 불러 훌륭한 발명품에 대해서 포상을 하기로 했다.

체스를 발명한 사람은 세타라는 사람이었다. 그는 제자들을 가르치면서 거기서 받은 돈으로 생활하고 있는 유순한 학자였다.

"세타, 난 그대가 고안한 훌륭한 게임에 대해서 포상을 하고 싶다."

황제가 말했다.

현자는 경의를 표하는 의미로 머리를 조아린 채 조용히 듣고 있었다.

"내게는 그대가 원하는 소원을 모두 들어줄 수 있을 만큼의 재물이 있다. 원하는 것이 있으면 주저 없이 말하여라. 내가 들어주겠다."

황제가 말하였다.

세타는 아무 말 없었다.

"망설이지 말고 원하는 것을 이야기하라. 난 그대의 희망을 들어주는 데에 내가 가진 어떤 것도 아까워하지 않겠다."

"폐하의 은혜는 한없이 크고 높습니다. 그렇지만 한번도 소원을 생각해 본 적이 없으니 제게 생각할 시간을 주십시오. 깊이 생각해 본 후에 내일 제 소원을 말씀드리겠습니다."

다음날 황제 앞에 다시 선 세타는 너무나 소박한 소망으로 황제를 놀라게 하였다.

"폐하, 체스판의 첫 번째 칸에 대해서 밀 1알을 제게 주도록 명해 주십시오."

세타가 말했다.

"그냥 우리가 알고 있는 밀을 말하는 것이냐?"

황제는 놀랐다.

그림 1 → 두 번째 칸에 대해서는 2알을……

"그렇습니다, 폐하. 두 번째 칸에 대해서는 2알을, 세 번째 칸에 대해서는 4알, 네 번째 칸에 대해서는 8알을, 다섯 번째 칸에 대해서는 16알을, 여섯 번째 칸에 대해서는 32알을……"

"알겠다. 그대는 그대의 소원에 따라서 64칸에 대한 밀알을 받을 것이다. 하지만 그대의 그런 행동은 나를 언짢게 하는구나. 그런 하찮은 소원을 말해서 내 성의를 무시하는 무례를 범하는구나. 됐다. 가거라. 신하들이 네게 밀알 자루를 줄 것이다."

세타는 미소를 지으면서 황제한테서 물러나 궁궐 문 앞에서 기다렸다.

Ⅱ

점심 식사 후에 황제는 바보 같은 세타에게 작은(?) 포상을 했는지 알아보았다.

"폐하, 명령하신 대로 진행하고 있습니다. 궁궐 안의 수학자가 얼마의 밀알을 주어야 하는지 계산하고 있사옵니다."

황제는 인상을 찌푸렸다. 그는 자신의 명령이 이렇게 느리게 진행되고 있다는 것이 마음에 들지 않았다. 황제는 잠자리에 들기 전에 다시 한 번 세타가 밀알 자루를 지고 궁궐을 떠났는지 확인했다.

"폐하, 수학자가 열심히 계산을 하고 있지만 새벽이 되어야만 계산이 끝날 것으로 여겨집니다."

"도대체 왜 이 정도의 일에 그렇게 시간이 많이 걸리는 거냐?"

황제는 화를 내며 소리쳤다.

"내일 아침 내가 눈을 뜨기 전까지 모든 밀알을 마지막 한 알까지 정확히 세어 세타에게 주도록 해라. 난 두 번 다시 명령하지 않겠다."

아침이 되자 수학자가 중요한 보고를 할 것이 있다며 황제를 찾았다. 황제는 그를 데리고 오라고 명했다.

"먼저, 어제 내가 지시한 일이 어떻게 되고 있는지 이야기하라. 세타에게 그가 원한 하잘 것 없는 포상을 주었는가? 나는 밀알이 이미 세타에게 주어졌다는 이야기를 듣고 싶다."

그림 2 → 세타는 궁궐 문 앞에서 기다렸다.

그림 3 → 수학자가 열심히 계산하고 있지만…

황제가 이야기했다.

"실은 그것 때문에 이렇게 무례를 무릅쓰고 이른 아침에 폐하를 뵙자고 한 것입니다. 저희는 세타가 원하는 밀알을 정확하게 하나하나 계산했습니다. 그런데 그 수가 너무 엄청난 것이었습니다."

수학자가 이야기했다.

"어째서 그것이 그렇게 엄청나단 말인가? 아무리 커도 그렇지 내 창고가 그걸 감당하지 못한단 말이냐? 그리고 내가 세타에게 약속을 했으니 반드시 주어야 한다."

왕이 말을 끊었다.

"아닙니다. 폐하께서도 그 소원을 들어주실 수 없습니다. 폐하의 곡물

창고에는 세타가 요구하는 양만큼의 밀알이 없습니다. 전세계를 돌아다녀도 그만한 양의 밀알을 구할 수는 없습니다. 그럼에도 불구하고 무슨 수를 써서라도 약속한 포상을 실행하시려면 지상에 있는 모든 땅을 밭으로 만들도록 명령하십시오. 또한 바다를 육지로 만들고, 모든 얼음과 눈을 녹여서 북쪽에 있는 사막을 밭으로 만들라고 명령하십시오. 그리고 그 모든 곳에 밀알을 뿌려서 키워야 합니다. 그때에 가서야 세타는 자신의 희망대로 밀알을 받을 수 있을 것입니다."

그림 4 → 전국을 밭으로 만들라고 명령하시고……

황제는 너무 놀라서 수학자의 이야기에 귀를 기울였다.

"그 엄청난 수가 도대체 얼마나 되는가?"

황제가 물어보았다.

"폐하! 그것은 18,446,744,073,709,551,615(천팔백사십사경육천칠백사십사조칠백삼십칠억구백오십오만천육백십오) 알입니다. 우리는 이 수를 앞 장의 '동전 옮기기'에서 이미 살펴보았다."

III

이와 같은 내용의 사건이 실제로 있었는지는 정확하지 않다. 하지만 전설 속에서 이야기한 포상은 정말로 그러한 수로 이루어졌다는 것은 인내심을 갖고 계산을 하면 알 수 있다.

$$1+2+4+8 \cdots\cdots +2^{63}$$

결과적으로 2를 63제곱하면 64번째 칸에 대한 밀알의 수가 나온다. 그리고 마지막 수를 두 배 한 뒤에 1을 빼주면 합이 나온다.

$$2 \times 2^{63} - 1 = 18,446,744,073,709,551,615$$

이 엄청난 수의 크기를 구체적으로 알고 싶은 사람은 이 정도 수의 밀알을 보관하려면 어느 정도 크기의 창고가 필요한지를 계산해보면 된다. 흔히 알려진 통계에 따르면 1m³에는 약 천오백만 개의 밀알을 담을 수 있다고 한다. 그러므로 체스를 생각해낸 학자에게 주어야 할 밀알은 대략 1,200,000,000,000 m³의 부피를 차지하게 된다.

$$1,200,000,000,000 \text{ m}^3 = 1,200 \text{km}^3$$

1,200km³이라는 공간은 세로가 2m이고 높이가 2m, 가로가 1m인 창고에 밀알을 가득 넣어서 일렬로 세우면 그 길이가 300,000,000km에 달한다. 이 거리는 지구에서 태양까지를 왕복할 수 있는 엄청난 거리이다.

이러한 양의 밀알을 인도의 황제는 줄 수 없는 것이었다. 물론 황제가 수학에 대한 지식이 있었다면 애초에 이런 번거로운 약속을 하지도 않았

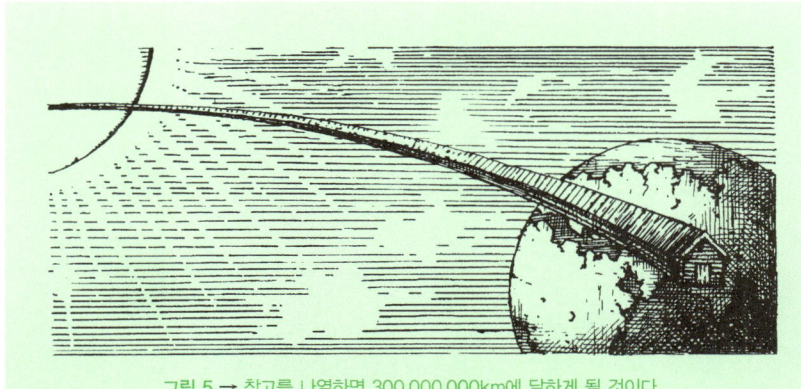

그림 5 → 창고를 나열하면 300,000,000km에 달하게 될 것이다.

을 것이다. 설사 그런 약속을 했다고 하더라도 한 가지의 조건만 덧붙였다면 황제는 이 약속을 이행할 수 있었을 것이다. 그 조건은 무엇이었을까? 그것은 황제가 세타에게 자기가 받아야 할 밀알을 정확하게 세어서 가져가라는 조건만 붙였더라면 황제는 쉽게 모순에서 빠져나올 수 있었을 것이다.

실제로 세타가 1초에 하나씩 밀알을 센다고 가정하면 쉬지 않고 하루 종일 센다고 해도 하루에 86,400개를 세게 된다. 백만 개의 밀알을 세기 위해서는 10일 이상 걸리게 된다. 그리고 $1m^3$(1,000리터)의 공간을 채울 밀알을 세려면 최소한 반년은 걸려야 한다. 10년 동안 계속해서 쉬지 않고 세어도 $20m^3$(20,000리터) 이상을 셀 수가 없다. 결국 세타가 살아있는 동안 세어서 가지고 갈 수 있는 밀알은 그가 요구한 수에 비하면 아주 미미한 양이 된다.

2. 테렌티우스의 상금

전하는 바에 의하면 이 이야기는 고대 로마에서 일어났다고 한다.

I

테렌티우스라는 장군은 황제의 명에 따라서 승리를 쟁취하고 로마로 돌아왔다. 수도에 도착한 그는 황제를 알현하게 되었다. 황제는 테렌티우스 장군을 진심으로 환영하고 그의 승리를 축하하며 상으로 원로원의 높은 자리를 약속했다.

하지만 테렌티우스의 바람은 그것이 아니었다. 그는 황제에게 자신의 바람을 이야기했다.

"폐하, 저는 폐하의 이름을 높이기 위해서 많은 전쟁에서 승리를 거두었습니다. 저는 죽음을 두려워하지 않았습니다. 저는 삶이 한 번이 아니라 수십 번이라 하더라도 폐하를 위해 기꺼이 희생했을 것입니다. 하지만 저는 이제 전쟁을 치르기엔 너무나 늙고 지쳤습니다. 젊음은 멀리 달아나 버렸고, 지금의 저를 만든 열정도 오직 핏줄 속에서 조용히 흐르고 있을 뿐입니다. 이제 제게도 집안의 사소한 일에 기뻐하면서 쉬어야 할 때가 온 것 같습니다."

"그렇다면 테렌티우스 네가 원하는 것이 무엇이냐?"

황제가 물었다.

"폐하, 부디 너그러운 마음으로 제 이야기를 들어주시기 바랍니다. 저는 오랫동안 칼을 피로 물들이는 군생활을 하였습니다. 그래서 그동안 저는 재산을 모을 어떤 여유도 가지지 못했습니다. 저는 가난합니다. 폐하……"

"용맹한 테렌티우스여, 계속하거라."

"만약 미천한 신하인 저에게 상을 주고 싶은 마음이 있으시다면 제가 여생을 걱정 없이 살아갈 수 있도록 도와주시기 바랍니다. 저는 이제 명예도, 원로원의 높은 지위도 바라지 않습니다. 저는 이 모든 것으로부터 떨어져서 조용하게 살고 싶습니다. 폐하, 제가 여생을 편히 보낼 수 있을 만큼의 돈을 하사해 주시기 바랍니다."

전해오는 바에 의하면 황제는 너그러운 마음을 가진 사람이 아니었다. 그는 자기 것에 대한 집착이 강했다. 특히 재물을 축적하는 것을 좋아하는 인색한 사람이었다. 테렌티우스에게도 예외가 아니었다. 장군의 부탁을 들은 황제는 생각에 잠겼다.

"테렌티우스, 얼마면 되겠는가?"

황제가 물었다.

"백만 데나리우스 Denarius-고대 로마의 은화 입니다, 폐하."

황제는 다시 생각에 잠겼다. 장군은 고개를 숙인 채 기다렸다. 마침내 황제가 말을 꺼냈다.

"나의 테렌티우스여! 그대는 위대한 장군이다. 그대는 업적에 합당한 상을 받을 자격이 있다. 그대에게 돈을 주겠다. 내일 정오에 여기서 그대는 나의 결정을 들을 수 있을 것이다."

테렌티우스는 인사를 하고 황궁을 나왔다.

II

다음날 약속한 시간에 테렌티우스는 황궁에 모습을 드러냈다.

"잘 잤는가, 테렌티우스!"

황제가 인사를 하였다.

테렌티우스는 공손하게 머리를 조아렸다.

"폐하의 결정을 듣기 위해서 왔습니다. 어제 폐하께서는 은혜롭게도 저에게 상을 주기로 약속을 하셨습니다."

이에 황제가 대답했다.

"나는 자네와 같은 용감한 장군이 그렇게 하찮은 상을 받는 것을 용납할 수 없다. 내 이야기를 잘 듣도록 하라. 내 창고에는 오백만 개가 넘는 동전(동전 한 개는 $\frac{1}{5}$ 데나리우스 이다)이 있다. 내 말을 정확하게 이해하기 바란다. 너는 창고로 들어가서 동전 하나를 가지고 나와서 내 발 밑에다 내려놓아라. 그리고 다음 날에는 정확하게 2개의 동전으로 만든 동전 하나를 가지고 와서 먼저 놓은 동전 옆에다 내려놓아라. 삼 일째 되는 날에는 4개의 동전으로 만든 동전을 가지고 오고, 사 일째 되는 날에는 8개의 동전으로 만든 동전을, 오 일째 되는 날에는 16개의 동전 그런 식으로 두 배씩 계속 늘려서 만든 동전을 가지고 오거라. 네가 움직여서 가지고 올 수 있는 한, 넌 계속해서 내 창고에서 돈을 가지고 올 수 있다. 하지만 그 누구도 너를 도와서는 안된다. 너는 아무런 장치의 도움도 받아서는 안된다. 그리고 더 이상 동전을 들 수 없다고 생각될 때 그만두어라. 너와의 약속은 거기까지이다. 물론 그때까지 네가 가지고 온 동전들은 모두 상으로 주겠다."

테렌티우스는 주의 깊게 황제의 이야기를 들었다. 그리고 그는 거대한 동전 더미를, 국고에서부터 가져온 동전들이 산처럼 높게 쌓여있는 것을 상상했다. 그는 미소를 지으며 대답했다.

"폐하의 결정에 만족합니다. 폐하께서는 정말로 자애로우신 분이십니다."

III

테렌티우스는 매일 국고로 출근하기 시작했다. 국고는 황제의 집무실에서 멀지 않은 곳에 위치하고 있었다. 그렇기 때문에 처음 동전을 가져오는 것은 아무 일도 아니었다.

첫째 날 그는 1개의 동전을 가지고 왔다. 이것은 크지 않은 동전으로 21mm의 지름에 5g의 무게가 나가는 것이었다. 장군이 2배, 4배, 8배, 16배, 32배 크기의 동전을 가져온 2, 3, 4, 5, 6일째도 쉽기는 마찬가지였다. 7일째 가져온 동전은 무게가 320g 정도 되었으며 지름은 8.5cm 정도 되었다. 8일째 날에 테렌티우스는 국고에서 128개의 동전으로 만든 동전을 가지고 왔고, 그것은 640g 이었으며 지름은 10.5cm 정도 되었다. 9일째 날 테렌티우스는 256개의 동전으로 만든 동전을 가지고 왔다. 이것은 13cm의 지름에 1.25kg에 달했다. 그리고 12일째 날에 가져온 동전은 지름이 27cm였으며 무게는 10.25kg에 달했다.

테렌티우스를 웃으면서 바라보던 황제는 이제 자신의 승리를 확신했다. 테렌티우스 장군이 12일째 가져온 동전은 2000개를 조금 넘었을 뿐이었다. 13일째 날 테렌티우스는 4096개의 동전으로 만든 동전을 가져왔

그림 6 → 첫 번째 동전

그림 7 → 열한 번째 동전

그림 8 → 열다섯 번째 동전

그림 9 → 열여섯 번째 동전

그림 10 → 열일곱 번째 동전

다. 이것의 지름은 34cm이고 무게는 20.5kg이었다. 14일째에 이르러 테렌티우스는 국고에서 아주 무거운 동전을 들고 나왔다. 그것은 무게 41kg에 지름이 42cm나 되는 동전이었다.

"테렌티우스여, 지치지 않았는가?"

황제가 얼굴에 미소를 머금고 물어보았다.

"아닙니다, 폐하. 아직은 견딜만합니다."

이마에 흐르는 땀을 닦으며 장군이 힘든 목소리로 대답했다.

15일째 날이 왔다. 테렌티우스는 낑낑대며 간신히 동전을 안고 황제의 집무실까지 옮겼다. 이 동전은 16,384개의 동전으로 만들어진 것이며 지름은 53cm이고, 무게는 자기의 몸무게인 80kg에 달하는 것이었다. 16일째 날에 테렌티우스는 동전을 등에 지고 옮겼다. 이 동전은 32,768개의 동전으로 만든 것이고 무게는 164kg에 달했으며, 지름은 67cm였다. 장군은 숨을 헐떡거리며 힘들어 했다. 황제는 자신의 계획이 맞아떨어지는 날이 가까워지고 있음을 확인하며 얼굴에 미소를 머금었다.

다음날 테렌티우스가 황제의 집무실에 도착했을 때 커다란 웃음소리가 들렸다. 그는 이미 동전을 들고서 옮길 수 없었고, 굴려서 옮겼다. 동전의 지름은 84cm였고, 무게는 328kg이었다. 이것은 동전 65,536개로 만든 것이었다. 그리고 드디어 18일째 되는 날은 테렌티우스에게는 재산을 축적하는 마지막 날이 되었다. 바로 이날 그는 국고에서 동전을 가져오는 일을 끝낼 수밖에 없었다. 그는 131,072개의 동전으로 만든 동전을 옮겨야 했으며 이것은 지름이 1m가 넘었고 무게는 655kg이었다. 자기가 가

그림 11 → 열여덟 번째 동전

지고 있던 창을 사용해서 테렌티우스는 간신히 동전을 굴릴 수 있었다. 커다란 소리를 내면서 동전이 황제의 발 아래에서 쓰러졌다. 테렌티우스는 완전히 힘이 빠진 상태가 되었다.

"이제 더 이상은 할 수 없을 것 같습니다…… 이제 이것으로 충분합니다."

그가 바닥에 쓰러져 죽어가는 목소리로 말했다.

황제는 자기의 계략이 맞아떨어진 것을 보고 만족한 웃음을 간신히 참았다. 황제는 국고를 관리하는 신하에게 테렌티우스가 가져온 동전의 양을 계산해서 집무실로 가져오라고 하였다. 명령을 받은 신하가 이야기했다.

"폐하, 폐하의 자비로우신 은혜에 힘입어 테렌티우스 장군은 262,143개의 동전을 상으로 받게 되었습니다."

결국 자린고비 황제는 백만 데나리우스의 $\frac{1}{19}$에 해당하는 돈을 테렌티우스에게 상으로 주었다.

자, 국고를 관리하는 신하의 계산을 확인해 보자.

이 수의 합은 다음과 같은 특징을 알면 쉽게 구할 수 있다.

1＝1
2＝1＋1
4＝(1＋2)＋1
8＝(1＋2＋4)＋1
16＝(1＋2＋4＋8)＋1
32＝(1＋2＋4＋8＋16)＋1

이것은 다시 다음과 같이 나타낼 수 있다.

1＝ 2－1
1＋2＝4－1
1＋2＋4＝8－1
1＋2＋4＋8＝16－1
1＋2＋4＋8＋16＝32－1

우리는 이 수들이 앞의 수를 전부 합친 수에 1을 더한 수라는 것을 알 수 있다. 그러므로 이 수를 전부 더하려고 한다면 마지막 수의 2배에서 1을 빼면 된다. 즉 테렌티우스가 상금으로 받게 되는 돈은 1＋2＋4＋⋯＋131,072이므로 132,072×2－1를 계산하면 테렌티우스가 옮긴 동전의 합은 총 262,143개가 된다. 테렌티우스는 황제에게 백만 데나리우스 즉 오백만 개의 동전을 원했지만 그보다 훨씬 적은 양, 즉 (5,000,000÷262,143＝19) $\frac{1}{19}$ 의 돈을 받게 되었다.

3. 백만장자의 실수

이 이야기가 언제 어디서 일어났는지는 잘 알려져 있지 않다. 어쩌면 전혀 일어나지 않았는지도 모른다. 아마 실제로 일어나기 힘든 이야기일 것이다. 하지만 그것이 일어났건 일어나지 않았건 흥미로운 이야기임에는 틀림없다.

I

한 백만장자가 매우 기쁜 표정으로 집으로 돌아왔다. 그는 오늘 많은 돈을 벌 수 있는 계약을 하고 왔다며 들뜬 얼굴로 이야기를 시작했다.

"살다보니 이렇게 좋은 일도 생기는군. 돈이 돈을 부른다는 말이 있잖아. 그 말은 정말인 것 같아. 내가 가진 돈을 쫓아서 돈들이 내게로 달려오고 있는 것 같단 말이야. 정말 뜻밖의 횡재였단 말이야."

백만장자는 잠시 숨을 고르고 이야기를 이어갔다.

"오늘 길을 가다가 정체를 알 수 없는 어떤 사람을 우연히 만났어. 만약 그 사람이 먼저 말을 시키지 않았다면 난 그 사람을 그냥 지나쳤을 거야. 그는 자기 이야기를 들을 자격이 있는 사람은 아주 소수일 뿐이라고 하더군. 내가 그 중의 한 사람이라는 거야. 나는 그가 하는 이야기를 귀 기울여 들었어."

그는 가족들에게 이야기를 들려주기 시작했다.

"당신과 거래를 하나 하고 싶은데요.…"

낯선 사내는 이렇게 말을 시작했다.

"저는 한 달 동안 매일 십만 루블씩 당신에게 드리도록 하겠습니다. 물론 공짜로 드리는 것은 아닙니다. 하지만 그 대가는 아주 작은 겁니다. 우습게 들릴지 모르지만, 당신은 제가 십만 루불을 지불한 첫 날 1코페이카만을 지불하면 됩니다."

백만장자는 자신의 귀를 의심했다.

"1코페이카라고 했습니까?"

그는 다시 물었다.

"네, 1코페이카 입니다. 그 대신 두 번째 날에는 2코페이카를 지불해야 합니다."

백만장자는 더 이상 참을 수가 없었다.

"그 다음은 어떻게 되는 거죠?"

"그 다음 세 번째 지불한 십만 루블에 대해서 4코페이카를, 네 번째 십만 루블에 대해서는 8코페이카를, 다섯 번째에는 16코페이카를 지불하는 거죠. 한 마디로 한 달 동안 앞에서 지불한 돈의 두 배씩만 제게 주시면 됩니다."

"그 다음은요?"

백만장자가 물었다.

그림 12 → 1코페이카만 내면 됩니다……

"그 다음이라니요, 그게 전부입니다. 그것 외에는 아무것도 더 이상 필요하지 않습니다. 한마디로 전 매일 당신께 십만 루블을 드리고, 그 대신 당신은 앞에 말한 대로 제게 지불하시면 됩니다. 그리고 30일이 되는 날 이 계약은 끝이 납니다. 단 지금 한 계약을 30일 동안은 반드시 지켜야 합니다. 만일 한 달이 되기 전에 그만두거나 약속을 지키지 않으면 당신의 신상에 해로운 일이 일어날 겁니다."

백만장자는 속으로 '십만 루블을 1코페이카에 바꾸자니! 만약 그 돈이 가짜가 아니라면 이 사람은 완전히 미친 사람일거야. 나야 손해 볼 것 없으니 이렇게 좋은 기회를 놓칠 이유도 없지.'

"좋아요, 돈을 가져오세요. 내가 지불해야 할 것은 정확하게 지불하도록 하죠. 절대로 나를 속일 생각은 마세요. 나는 위폐를 아주 잘 구별하니 가져올 생각도 하지 마세요."

백만장자가 말했다.

"걱정 마십시오. 내일 아침에 십만 루불을 가지고 갈 테니 기다리십시오."

백만장자는 가족들에게 자신이 겪은 이야기를 마치며 이렇게 덧붙였다.
"내일 안 오기가 쉬울 거야. 손해 보는 거래를 했다고 생각하고 말이야. 내일까지는 얼마 남지 않았으니 기다려 봐야지."

II

다음 날이 되었다.
어제 백만장자가 길에서 만났던 그 사람이 창문을 두드렸다.
"돈 가져 왔소, 자 여기!"
그가 말했다. 그리고 실제로 방으로 들어온 그는 돈을 내려놓기 시작했다. 백만장자는 혹시 위폐가 아닌지 자세히 살펴보았지만 이상한 점을 발견할 수 없었다. 그는 정확하게 십만 루블을 세어주고는 백만장자에게 말했다.
"자 여기 내가 약속한 액수의 돈입니다. 이제 당신도 주기로 한 돈을 주세요."
백만장자는 조심스럽게 1코페이카를 책상 위에 올려놓으면서 손님이 동전을 가져갈까 아니면 자기가 가져온 돈을 가져갈까 조마조마해서 지켜보았다. 방문객은 1코페이카 동전을 보더니 손으로 집어서 주머니에 넣었다.
"내일 이 시간에 오겠습니다. 내일은 2코페이카인 것 잊지 마십시오."

그림 13 → 백만장자의
집 창문을 두드렸다……

그는 말을 마치고 돌아갔다.

　　백만장자는 자신에게 찾아온 행운이 믿기지 않았다. 하늘에서 십만 루블이 '툭' 하고 떨어진 것이다. 다시 한 번 돈을 세어보면서, 가짜가 아닌지 한 번 더 살펴보았다. 하지만 모든 것이 정상이었다. 돈을 감춘 후 백만장자는 다음날 아침을 기다리기 시작했다. 밤이 되자 그는 갑자기 의심이 생겼다.

　　'혹시 돈을 어디다 감추는지 보고 나중에 모든 것을 훔쳐가려는 강도가 아닐까?'

　　그는 문이 단단하게 잠겼는지 확인했다. 어두워지고 난 후 그는 밖에서 무슨 소리가 나는지 귀를 기울이느라 밤새 잠을 잘 수 없었다.

　　아침이 되자 다시 창문을 두드리는 소리가 들렸다. 그 사람이 돈을 가지고 왔다. 십만 루블을 세어주고는 2코페이카를 받아서 주머니에 넣은 후 잘 있으라며 가버렸다.

　　"내일은 4코페이카 입니다. 준비해 주세요."

　　백만장자는 기쁨을 감추지 못했다. 두 번째 십만 루블을 또 거의 공짜로 얻다니! 백만장자는 그 사람을 꼼꼼히 살펴보았지만 도둑처럼 보이지는 않았다. 주위를 살피는 모습도 없었고, 값비싼 물건들을 엿보지도 않았다. 그는 자기가 줄 돈을 세어 주고는 자기가 받을 만큼의 동전을 요구할 뿐이었다.

'미친 사람이 분명해. 저런 사람만 있었다면 내가 재산을 모으느라 지금껏 이렇게 고생할 필요도 없었을 텐데.'

　삼 일째도 그 사람은 왔다. 그리고 세 번째의 십만 루블을 주고 4코페이카를 가져갔다. 그리고 하루가 지나고 똑같이 십만 루블을 주고는 8코페이카를, 다음날은 십만 루블을 주고 16코페이카를, 그 다음은 십만 루블을 주고 32코페이카를 가져갔다. 칠 일이 지난 후 우리의 백만장자는 칠십만 루블을 받았고 지불한 돈은 겨우 1루블 27코페이카였다.

　탐욕스러운 백만장자는 이 거래가 무척 마음에 들었다. 이 엄청난 거래가 겨우 한 달뿐이라는 사실이 섭섭하게 생각되었다. 왜냐하면 이 거래로 그는 삼백만 루블밖에 받지 못하기 때문이다.

　'그 미친 사람에게 보름만이라도 기간을 연장하자고 해볼까? 아니야. 그건 너무나 위험한 일이야. 괜히 이야기를 꺼냈다가 이 거래조차 취소하자고 하면 괜히 잘 들어오고 있는 십만 루블도 못 받을지도 모르잖아.'

　한편 약속한 사람은 매일 정확한 시간에 나타나서는 십만 루블을 주고 자신이 받기로 한 아주 적은 돈을 받아 갔다. 백만장자는 이 돈을 기쁜 마음으로 지불하였다. 하지만 백만장자의 기쁨은 오래가지 않았다. 그는 이 낯선 사내가 평범한 사람이 아니라는 것을, 그리고 이 계약이 처음에 생각한 것만큼 큰 이익이 되는 계약이 아니라는 것을 금방 알게 되었다. 15일이 지난 후 똑같은 십만 루블에 대해서 코페이카가 아닌 100루블 이상을 지불해야 했다. 더구나 지불해야 할 금액은 놀라운 속도로 늘어갔다. 실제로 15일이 지나자 백만장자는 다음과 같이 지불해야만 하였다.

15번째 십만 루블	—	163루블 84코페이카
16번째 십만 루블	—	327루블 68코페이카
17번째 십만 루블	—	655루블 36코페이카
18번째 십만 루블	—	1,310루블 72코페이카
19번째 십만 루블	—	2,621루블 44코페이카

하지만 아직까지 백만장자는 손해를 보고 있지는 않았다. 지금까지 지불한 것이 오천 루블 이상이지만 받은 것은 백팔십만 루블이니 말이다. 그러나 이익은 매일 줄어들었다. 그것도 아주 빠른 속도로 줄어들었다. 그 이후의 지불액은 다음과 같다.

20번째 십만 루블	—	5,242루블 88코페이카
21번째 십만 루블	—	10,485루블 76코페이카
22번째 십만 루블	—	20,971루블 52코페이카
23번째 십만 루블	—	41,943루블 04코페이카
24번째 십만 루블	—	83,886루블 08코페이카
25번째 십만 루블	—	167,772루블 16코페이카
26번째 십만 루블	—	335,544루블 32코페이카
27번째 십만 루블	—	671,088루블 64코페이카

이제는 지불해야 될 돈이 받는 돈보다 많아졌다. 그만두고 싶었지만 계약을 어길 수는 없는 일이었다. 이후에는 상황이 더욱 나빠졌다. 백만장

자가 이 낯선 사람이 자기가 준 돈보다도 더 많은 돈을 가져가게 된다는 것을 알게 되었을 때는 이미 돌이킬 수가 없었다. 매일같이 창문을 두드리며 찾아온 낯선 사내는 백만장자의 속을 뒤집으며 무자비하게 돈을 긁어갔다.

28일째 되는 날 백만장자는 백만 루블 이상을 지불해야 했다. 그리고 마지막 이틀 동안에 지불해야 할 돈은 백만장자가 파산을 할 만큼 엄청난 금액이었다. 아래는 그가 지불해야 하는 거대한 돈이다.

그림 14 → 이방인은 백만장자를 속인 것이다……

28번째 십만 루블 ——— 1,342,177루블 28코페이카
29번째 십만 루블 ——— 2,684,354루블 56코페이카
30번째 십만 루블 ——— 5,368,709루블 12코페이카

마지막 날이 지나고 난 후, 백만장자는 너무나 쉽게 삼백만 루블을 벌 수 있다는 생각 때문에 자신이 지불한 비용을 계산해 보았다. 그는 총 10,737,418루블 23코페이카를 지불하였다. 조금 빠지는 천백만 루블이었다. 겨우 1코페이카에서 시작했는데 말이다. 백만장자는 십만 루블당 거의 사십만 루블에 이르는 거액을 지불한 셈이니 사태는 짐작이 될 만하다.

수 열 이 야 기

III

이 이야기를 끝내기 전에 우리는 백만장자가 지불한 금액의 합을 어떻게 구하는지 알아보자. 이것을 계산하는 방법에 대해서는 이미 앞 '테렌티우스의 상금'에서 살펴보았다.

즉 $1+2+4+8+16+32+64 \cdots\cdots$

를 계산하려면 마지막 수를 2배한 뒤 1을 빼면 된다. 이런 식으로 계산을 한다면 우리는 백만장자가 마지막 날 얼마를 지불했는지만을 알면 그가 손해 본 금액이 얼마인지를 쉽게 알 수 있다. 그가 마지막 날 지불한 돈은 5,368,709루블 12코페이카이다. 그러므로 5,368,709루블 12코페이카에 5,368,709루블 11코페이카를 더하면 그 답은 10,737,418루블 23코페이카가 마지막 날을 포함해서 백만장자가 지불한 총액이다. 즉 3,000,000루블을 받고 10,737,428루블 23코페이카를 지불하였으니 7,737,428루블 23코페이카의 손해를 본 것이 된다.

4. 도시의 소문

이번에는 좀 더 색다른 수의 증가를 도시의 소문을 통해 살펴보자.

우리가 살고 있는 도시에서 실제로 소문이 퍼지는 것은 놀라울 정도로 빠르다. 불과 몇 사람이 목격한 어떤 사고에 대해서 두 시간 정도만 지나면 도시에 살고 있는 모든 사람들이 알게 되는 경우가 종종 있다. **물론** 지금은 각종 신문이나 TV나 인터넷으로 순식간에 퍼진다. 하지만 그것이 없다고 가정을 하더라도 소문은 우리가 생각하는 것보다 훨씬 빠른 속도로 퍼져 나간다. 발 없는 말이 천 리 간다는 말이 단지 속담이 아님을 알게 될 것이다. - 옮긴이

'왜 소문은 이렇게 빠르게 전파되는 것일까?' 소문이 전파되는 놀라운 속도는 때로는 경탄스럽고, 때로는 신비스럽기까지 하다. 하지만 이런 일들도 수학적인 계산에 따라 분석해 보면 전혀 놀랄만한 일이 아니라는 것을 우리는 알게 된다. 결국 소문의 놀라운 속도는 소문자체가 지닌 신비스러운 그 어떤 특성 때문이 아니라 '수의 특성'에 의해 설명되기 때문이다. 예를 들어서 알아보도록 하자.

I

인구가 5만 정도 되는 작은 지방 도시에 매우 재미있는 소식을 가진 한 신사가 아침 8시에 도착했다. 호텔에 도착한 신사는 자신이 알고 있는 소식을 호텔에서 일하는 3명에게 이야기해 주었다. 신사가 지방 도시에 도착한 지 15분 후의 일이었다. 즉, 8시 15분에 재미있는 소식을 알고 있는 사람은 이야기를 전해들은 3명의 지역주민과 신사를 합쳐서 겨우 4명뿐이었다.

신사로부터 재미있는 소식을 알게 된 지역주민 3명은 각각 3명에게 이 소식을 전했다. 이때 걸린 시간도 약 15분 정도 걸렸다고 가정해 보자. 즉, 소식이 이 도시에 도착한 뒤로부터 30분이 지난 후에 이 소식을 알고 있는 사람은 $4+(3\times3)=13$명이 되었다.

그리고 새롭게 알게 된 9명은 마찬가지로 15분 동안 자신이 알고 있는 또 다른 3명에게 이 소식을 전해주었다. 8시 45분이 되자 이 소식을 알고 있는 사람은 $13+(3\times9)=40$명이 되었다.

만약 이와 같은 방식으로 소식을 들은 사람이 15분 안에 다음 3명에게 계속 소문을 전달한다고 가정을 하면 소문은 아래와 같이 도시에 전파된다.

9시 —————————— 40+(3×27)=121명
9시 15분 ———————— 121+(3×81)=364명
9시 30분 ———————— 364+(3×243)=1,093명

소문이 도시에 도착한 지 1시간 30분이 지난 후에 이미 1,100명 가량이 이 소식을 접하게 된다. 이 수는 50,000이라는 인구에 비하면 얼마 되지 않는 것 같다. 그리고 소식이 전체 지역 주민에게 전달되는 것이 그렇게 빠르게 이루어지지 않을 것 같다. 하지만 그 이후를 조금 더 보자.

9시 45분 ———————— 1,093+(3×729)=3,280명
10시 —————————— 3,280+(3×2,187)=9,841명

그리고 15분 뒤면 9,841+(3×6,561)=29,524명이 알게 되므로 전 인구의 반 이상이 이를 알게 된다. 즉, 10시 30분이 되면 8시에 도착한 한 사람에 의해서 전해진 재미있는 소식을 도시 전체의 주민들이 다 알게 된다.

그림 15→ 이방인이 재미있는 소식을 가지고 왔다.

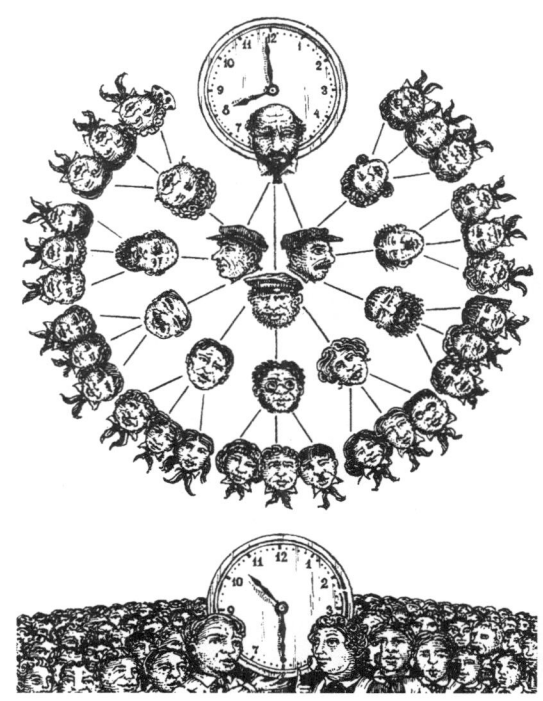

그림 16→ 10시 30분쯤 되면 한 사람에 의해서 8시에 도착한 소식을 도시의 전체 주민들이 다 알게 된다.

II

앞에서 살펴본 계산이 어떻게 이루어지는지 살펴보도록 하자.

앞의 식은 1+3+(3×3)+(3×3×3)+(3×3×3×3) …… 식으로 계산이 이루어진다. 이 복잡해 보이는 식을 우리가 이전에 살펴보았던 1+2+4+8……로 이루어지는 간단한 식으로 표시할 수 없을까? 물론 가능하다. 아래와 같이 수가 구성되었다는 것을 아는 것이 중요하다.

1=1
3=1×2+1
9=(1+3)×2+1
27=(1+3+9)×2+1
81=(1+3+9+27)×2+1
……

이 식을 다른 말로 표현하면 모든 수는 앞의 수 전체를 더한 후 이 수를 2배 하고 1을 더한 수와 같다. 따라서 우리는 다음과 같은 결론을 얻을 수 있다. 우리가 1에서 어떤 수까지의 합을 원한다면 마지막에 나온 수에서 1을 뺀 후 나온 수의 절반을 더하면 된다. 예를 들어서 1+3+9+27+81+243+729의 합은 729+(729−1)÷2=1093이 된다.

III

우리는 소식을 들은 사람이 오직 3명에게만 그 소식을 전한다고 가정하였다. 하지만 주민들이 남의 말을 전하기를 좋아해서 3명이 아니라 5명, 10명에게 전달한다고 한다면 그 속도는 더욱 빨라진다. 예를 들어서 한 사람이 5명에게 전달을 한다고 가정하면 다음과 같다.

8시	1명
8시 15분	1+5=6명
8시 30분	6+(5×5)=31명
8시 45분	31+(25×5)=156명
9시	156+(125×5)=781명
9시 15분	781+(625×5)=3906명
9시 30분	3906+(3125×5)=19,531명

결국 9시 45분이 되면 모든 주민들이 이 소식을 알게 된다. 소식을 들은 사람이 10명에게 전달을 하였다면 그 속도는 더욱 빨라져 소문은 1시간 만에 전 도시에 전달된다.

5. 자전거 세일

자본주의가 정착되던 20세기 초에 몇몇 회사들은 아주 영악하게 자기의 상품들을 판매했다. 그 중의 하나가 다음과 같은 광고로 당시의 신문과 잡지에 실렸던 내용이다.

자전거가 10루블!!!

누구나 10루블을 내면 자전거를 내 것으로 만들 수 있습니다.
이런 기회는 다시는 없을 것입니다.

5 0 루 블 짜 리   자 전 거 가   1 0 루 블 !

* 구매 안내서를 무상으로 보내드립니다.

이 매혹적인 광고문구에 이끌려 많은 사람들이 구매안내서를 보내 달라고 아우성을 쳤다. 사람들이 받아든 안내서의 내용을 요약하면 다음과 같다.

"10루블을 내면 자전거를 보내는 것이 아니라 4장의 티켓을 보내는데 이 티켓을 10루블의 가격으로 4명의 지인에게 판다. 이렇게 되면 40루블이 모이게 되고 이 돈을 회사로 보내면 자전거를 보내준다."

어쨌든 실제로 구매자는 자기의 주머니에서 꺼낸 10루블로 자전거를 사게 된다. 물론 10루블 내는 것 외에도 4명의 지인들에게 티켓을 팔아야 하는 번거로운 일이 있지만 이것은 자전거를 10루블에 손에 넣는 일에 비하면 사소한 것이라 생각할 수 있다.

그렇다면 도대체 이 티켓이라는 것은 무엇일까? 10루블에 티켓을 산 사람은 어떤 권리가 있는 것일까? 무엇 때문에 지인들이 10루블을 주고 이 티켓을 사게 될까? 티켓을 산 사람은 이 티켓을 회사에 주고 다시 똑같은 티켓 5장을 받을 권리를 얻게 된다. 다른 말로 표현하면 그는 티켓 값으로 10루블을 지불함으로써 자전거를 사기 위한 50루블을 만들 수 있는 가능성을 갖게 된다. 그 역시 10루블에 자전거를 얻을 수 있는 것이다. 마찬가지 방식으로 이 티켓은 계속 퍼져나가게 된다.

처음에는 전혀 속임수가 없는 것처럼 보인다. 광고주는 자신이 한 약속을 모두 지켰다. 구매자는 실제로 자전거를 10루블로 살 수 있게 된다. 그리고 회사도 손해를 보지 않는다. 회사는 자전거 값을 전부 받게 되니 말이다.

그럼에도 불구하고 이것은 의심할 여지없는 사기이다. 프랑스인들은 이러한 사업을 '눈덩이 사업'이라고 했다. 이 매매에 참가한 많은 사람들이 결국은 자기의 티켓들을 팔지 못하게 된다. 이들은 다른 사람을 위해서 10루블씩 지급한 사람들이고, 더 이상 티켓을 팔 수 있는 사람을 찾지 못하게 되는 상황에 처하게 된다. 이런 상황은 시간의 차이는 있겠지만 반드시 오게 된다. 만약 독자 여러분이 펜을 들고 계산을 하기 시작한다면 이 '눈덩이 현상'이 얼마나 빨리 일어나는지 알 수 있다.

맨 처음 회사로부터 티켓을 받은 사람들은 자기가 받게 될 4장의 티켓을 살 사람을 찾는데 별 어려움을 겪지 않는다. 그리고 각각의 티켓 구매자들은 다시 5명의 새로운 구매자를 찾아야 한다. 이들 4명은 각각 5명씩 20명의 새로운 사람을 이 매매에 참가하도록 유도한다. 예를 들어서 이들이 20명에게 판매를 했다고 하자. 눈덩이는 계속해서 움직인다. 20명의 새로운 참가자들은 $20 \times 5 = 100$명의 새로운 참가자들을 만든다. 이렇게 해서 지금까지 이 매매에 참가한 사람은 $1+4+20+100=125$명이 된다. 그리고 이들 중 25명만이 자전거를 얻게 되었다. 그리고 나머지 100명은 10루블을 내고서 자전거를 구매할 수 있다는 희망을 갖고 있다.

이제 눈덩이는 가까운 사람들을 벗어나서 전 도시로 퍼져나가게 된다. 그리고 새로운 참가자들을 찾는 것은 더욱 어렵게 된다. 100명의 티켓 구매자들은 500명의 구매자를 찾아야 하며 이들 500명은 2500명의 새로운 희생자를 찾아야 한다. 도시 전체가 티켓으로 넘쳐나고 그렇게 되면 티켓 구매자를 찾는 것은 한층 어렵게 된다.

우리가 이미 소문이 도시에 어떻게 퍼지는가를 알아보았듯이 이 매매에 참가하는 사람들의 수가 기하급수적으로 늘어나고 있음을 볼 수 있다. 이 경우의 수로 만들어진 피라미드는 다음과 같다.

$$1$$
$$4$$
$$20$$
$$100$$
$$500$$
$$2500$$
$$12,500$$
$$62,500$$

만약 도시의 인구가 62,500명이고 모두 자전거를 탈 수 있다고 해도 불과 8번째에 더 이상의 가능성은 바닥나 버린다. 이미 모든 사람들이 여기에 말려들게 되고 티켓은 더 이상 팔리지 않는다. 이때 이 도시에서 자전거를 받은 사람은 전체의 $\frac{1}{5}$밖에 안되고 나머지 $\frac{4}{5}$는 휴지조각에 불과한 티켓을 가지고 있을 뿐이다.

　보다 큰 도시의 예를 들어보자. 인구가 수백만이 넘는 도시라고 하더라도 몇 번을 더 진행한다면 끝이 난다. 왜냐하면 눈덩이는 놀랄만한 속도로 불어나기 때문이다. 계속 진행된다면 수 피라미드는 다음과 같다.

$$312,500$$
$$1,562,500$$
$$7,812,500$$
$$39,062,500$$

　12번째에서 눈덩이는 한 나라의 국민들 모두가 참여하여야 하는 수가 나온다. 그리고 이들 중 $\frac{4}{5}$ 는 지인으로 구성된 $\frac{1}{5}$ 에게 본의 아니게 사기를 당하고 빈손으로 있어야만 한다.

　그렇다면 회사는 이러한 눈덩이로 무엇을 어떻게 얻을까? 이 회사는 자기가 만든 제품을 싸게 판다는 대대적인 선전을 통해 소비자에게 봉사하는 회사인 것처럼 자신을 알리고는 실제로 자신이 만든 제품을 한 푼의 손해도 보지 않고 모두 팔아버린다. 결국 회사는 도시 구성원의 $\frac{4}{5}$ 에게 나머지 $\frac{1}{5}$ 의 사람들이 자신의 회사제품을 구입하도록 돈을 내게 만든 셈이다. 게다가 회사는 도시의 모든 사람들을 돈 한 푼 들이지 않고 열성적으로 자전거를 파는 영업사원으로 고용한 효과를 누렸다.

　이것의 특성에 대해서 러시아의 야신스키 Yasinski(1850-1931)-러시아의 소설가, 저널리스트 - 옮긴이 는 '서로가 서로를 속이는 눈덩이'라고 칭하였다. 오늘날에도 이 계략의 뒤에 숨겨진 거인수를 제대로 보지 못하게 만들어 달콤한 희망을 약속하는 판매방식이 횡행하고 있다. 그것을 우리는 피라미드 판매방식이라고 부른다. 그러나 그 판매방식 속에 숨어있는 수학적 법칙을 알고 있는 한 우리는 그 부질없는 희망의 끝을 훤히 알 수 있을 것이다.

6. 놀라운 자연의 세계

생태계에는 곳곳에 '수의 거인'들이 숨어 있다. 우리는 이것들을 수학적으로 찾아낼 수 있다.

양귀비는 식물 중에서 그 성장 속도가 대단히 빠른 종자로 알려져 있다. 잘 익은 양귀비 꽃대를 보면 깨알 같은 씨앗들이 박혀 있다. 그 씨앗들은 커서 한 포기의 꽃이 될 것이다.

양귀비 꽃대에는 약 3,000개의 씨앗이 있는 것으로 알려져 있다. 만약 이 씨앗들이 모두 자란다면 얼마나 많은 양귀비가 자랄까? 꽃대 하나에서 얻은 씨앗들을 들판에 심으면 여름이 되면 3,000포기의 양귀비가 들판을 가득 메울 것이다. 그 다음 해에도 양귀비 하나가 한 개의 꽃대를 갖는다면 양귀비 하나는 최소한 3,000개의 양귀비 씨앗을 갖게 된다. 즉 한 개의 씨앗은 다시 3,000포기의 양귀비를 만들게 되므로 그 다음 여름에 우리는 $3,000 \times 3,000 = 9,000,000$포기의 양귀비를 얻게 된다.

이런 식으로 살펴보면 다음과 같이 된다.

3번째 여름에는 $9,000,000 \times 3,000 = 27,000,000,000$개

4번째 여름에는 27,000,000,000×3,000=81,000,000,000,000개.

5번째 여름에는 81,000,000,000,000×3000=243,000,000,000,000,000개

한 포기의 양귀비가 자라서 5년째가 되면 지구는 양귀비로 인해 엄청나게 좁아져 보일 것이다. 지구 전체의 육지 면적은 135,000,000km², 즉 135,000,000,000,000m² 이다. 이 수는 위의 양귀비 수의 약 $\frac{1}{2,000}$에 불과한 수이다. 여러분이 보았듯이 만약 양귀비 꽃대에서 나온 씨앗이 모두 양귀비로 자란다면 전 지구는 5년 뒤에는 온통 양귀비 밭으로 변하고 만다. 그 수는 1m²에 2,000개에 달하는 엄청난 수이다. 이렇듯 양귀비 꽃대에는 놀라운 거인 수가 숨어있다.

이런 식의 계산을 양귀비가 아닌 씨앗이 더 적은 다른 식물에 적용을 해도 마찬가지의 결론을 얻게 됨을 우리는 쉽게 알 수 있다. 단, 이 식물이 전 지구를 덮기까지는 5년이 아니라 시간이 조금 더 걸리는 것뿐이다. 민들레에 대해서 한번 알아보자. 민들레 하나는 약 100개의 씨앗을 만든다고 가정하자. 민들레 꽃 한 송이에는 약 200개의 씨앗이 있는 것으로 밝혀졌다.

그림 17 → 만약 양귀비 꽃대 하나의 모든 씨앗이 싹을 틔운다면 몇 개의 양귀비가 나올까?

만약 이들이 모두 자라게 된다면 아래와 같은 계산이 나오게 된다.

첫 해	———————	1개
2번째 해	———————	100개
3번째 해	———————	10,000개
4번째 해	———————	1,000,000개
5번째 해	———————	100,000,000개
6번째 해	———————	10,000,000,000개
7번째 해	———————	1,000,000,000,000개
8번째 해	———————	100,000,000,000,000개
9번째 해	———————	10,000,000,000,000,000개

9번째 해에 피어난 민들레의 수는 지구의 표면을 1m²단위로 계산했을 때보다 70배 큰 수이다. 즉 9번째 해에 민들레는 1m²에 70개씩 자라게 된다.

그런데 현실에서는 왜 이와 같은 일이 일어나지 않는 것일까? 또 우리는 왜 그러한 놀라운 번식을 보지 못하는 것일까? 왜냐하면 대부분의 씨앗들은 싹이 트기 전에 죽기 때문이다. 씨앗들은 싹을 틔울 수 있는 적당한 장소에 떨어지지 못하기도 하고, 자라다가 다른 식물 때문에 죽어버리거나 초식동물의 먹이가 되기도 하기 때문이다. 하지만 이런 식의 '대량 학살'이 없다면 하나의 식물은 몇

그림 18 → 민들레는 약 100개의 씨앗을 가지고 있다.

년 안에 전체 지구를 덮어 버릴 것이다.

이것은 식물에만 해당하는 것이 아니다. 동물도 마찬가지이다. 이 경우 우리는 인류에 대해서는 이야기하지 않는다. 인간은 생태학적인 이유 뿐만 아니라 경제적인 이유로 증가율이 변하기 때문이다.

모두들 잘 알고 있는 파리를 가지고 얼마나 빨리 번식이 일어나는지 한 번 그 예를 살펴보자. 파리 한 쌍은 120개의 알을 낳을 수 있으며, 1년에 7세대까지 번식한다. 물론 그 중의 반은 암컷이다. 맨 처음 알을 낳는 때를 4월 15일로 보면 암컷 파리는 20일이 지나면 성충이 되어 알을 낳는다. 이렇게 보았을 때 번식은 다음과 같이 이루어진다.

4월 15일에 한 마리의 암컷 파리가 120개의 알을 낳았다. 120마리 중 60마리의 암컷이 5월 초에 알을 낳을 수 있게 된다.

5월 5일 각각의 암컷 파리가 120개의 알을 낳는다. 즉 5월 중순에 $60 \times 120 = 7{,}200$마리 가운데 반인 3,600마리가 알을 낳는 암컷이 된다.

5월 25일 3,600마리의 암컷 파리가 120개의 알을 낳는다. 즉 6월 초순에 $3{,}600 \times 120 = 432{,}000$마리 가운데 반인 216,000마리가 알을 낳는 암컷이 된다.

6월 14일 216,000마리의 암컷 파리가 120개의 알을 낳는다. 즉 6월 하순에 25,920,000마리의 파리 가운데 반인 12,960,000마리가 알을 낳는 암컷이 된다.

7월 5일에 12,960,000마리의 암컷 파리가 120개의 알을 낳는다. 즉 7월 말에 1,555,200,000마리의 파리 가운데 반인 777,600,000마리가 알을 낳는 암컷이 된다.

그림 19 → 한 마리의 파리가 여름 한철 번식한 결과 나온 후손들을 일렬로 세워 놓으면 그 길이는 지구에서 토성을 지나게 된다.

7월 25일에 93,312,000,000마리의 파리가 나오게 되고, 그 중 46,656,000,000마리가 암컷이다.

8월 13일에는 5,598,720,000,000마리의 파리가 나오게 되고, 그 중 2,799,360,000,000마리가 암컷이다.

9월 1일에는 355,923,300,000,000마리의 파리가 나온다.

아무런 장애 없이 번식이 이루어진 이 엄청난 수의 파리를 일렬로 쭉 세워 놓았다고 가정해보자. 파리의 몸길이는 약 5mm이므로 이 길이는 약 1,800,000,000km가 된다. 이 길이는 지구에서 태양까지 거리의 12배에 달하게 된다.

이처럼 만약 죽음이 없다면 어떤 동물이건 단 한 쌍으로 시작한다 하더라도 머지않은 장래에 그 동물의 자손으로 인해 지구는 가득 차 버릴 것이다.

어딘가에서 날아와 삽시간에 들판을 가득 메우는 메뚜기 떼를 상상해 보라. 그 작은 곤충의 무리가 번식하는 것에 비해 죽는 것이 너무 적으면 어떤 일이 일어날 것인가를 잘 보여준다. 살아있는 생물에게 죽음이 없다면 2~30년도 지나지 않아 숲 속에서 자기 자리를 차지하기 위해서 치열하게 싸우는 동물을 보게 될 것이다. 그리고 바다에서는 물고기들이 헤엄을 치지 못할 정도로 많게 되고, 하늘은 새들과 곤충들로 뒤덮여 찬란한 햇빛도 은은한 달빛도 지상을 비출 수 없을 것이다.

이것이 단지 상상 속의 일이라고 생각하는가? 그렇다면 좋은 환경을 만들게 되면 동물이 어떻게 번식하게 되는지를 보여주는 실제의 예를 들어보자.

미국에는 원래 참새가 없었다. 지금 미국에서 볼 수 있는 참새들은 해충을 없애기 위해서 일부러 미국에서 수입한 것들이다. 잘 알다시피 참새들은 정원과 과수원, 논과 밭의 해로운 해충들을 잡아먹는다. 미국으로 옮

그림 20 → 참새들은 빠르게 번식을 하기 시작하였다.

겨진 참새들은 새로운 환경에 아주 잘 적응했다. 하지만 미국에는 참새의 천적이 없었다. 참새들은 왕성하게 번식했다. 이에 반해 해충들의 수는 눈에 뜨이게 줄어들기 시작하였다. 얼마 지나지 않아 참새들의 먹이가 부족해졌다. 결국 참새들은 곡물들과 땅 속의 씨앗들까지 먹어 치우기 시작했고, 미국에서는 참새들과의 전쟁이 시작되었다. '참새와의 전쟁'은 미국에 많은 피해를 주었기 때문에 그 이후로 미국은 어떠한 동물도 무단으로 들여와서는 안된다는 법률이 나오게 되었다.

두 번째 예를 들어보자. 유럽인들이 처음 오스트레일리아 대륙을 발견했을 때에는 토끼가 살고 있지 않았다. 토끼는 18세기 말에 유럽인들에 의해서 오스트레일리아 대륙에서 살게 되었다. 하지만 그 당시에는 토끼의 천적이 전혀 없었기 때문에 토끼 역시 엄청난 속도로 번식을 하게 되었다. 단시간 내에 토끼 떼는 오스트레일리아 대륙 전체를 뒤덮었고, 농

그림 21 → 토끼 떼는 오스트레일리아 대륙 전체를 뒤덮었다.

민들에게 엄청난 피해를 주게 되었다. 이 토끼들을 없애기 위해서 엄청난 자금과 노력을 들인 끝에 간신히 커다란 재앙이 중지될 수 있었다. 오스트레일리아 대륙의 토끼 사건은 얼마 지난 후 미국의 캘리포니아에서 다시 반복되기도 했다.

그림 22 → 뱀잡이독수리는 뱀의 천적이다.

세 번째 예는 자마이카의 한 섬에서 있었던 일이다. 이곳에는 독사가 많았다. 그래서 독사를 잡아먹는 뱀잡이독수리를 섬으로 데리고 왔다. 뱀의 수는 매우 빨리 줄어들었다. 그 대신 뱀의 먹이인 들쥐가 엄청난 속도로 늘어났다. 들쥐들은 사탕수수 밭을 쑥밭으로 만들었기 때문에 이 들쥐의 번식을 막을 수 있는 방안을 연구해야 했다.

들쥐의 천적으로는 인도의 몽구스가 유명하다. 그래서 4쌍의 몽구스를 섬으로 데리고 왔고 그것들을 자유롭게 번식하도록 하였다. 몽구스는 새로운 땅에 적응을 잘 하였고 개체수가 금방 늘어났다. 들쥐들을 전부 없애는데 불과 10년도 걸리지 않았다. 하지만 들쥐들이 사라지자 몽구스는

그림 23 → 몽구스는 새로운 땅에 적응을 잘 했다.

눈에 보이는 살아있는 동물은 무엇이든 닥치는 대로 먹어 치우는 잡식성 동물로 변해 버렸다. 개, 염소, 돼지, 가금류와 계란 등도 거기에 포함이 되었다. 그리고 그 수가 더 늘자 이제는 과수, 밀, 묘목 등도 먹어 치우기 시작했다. 결국 주민들은 얼마 전까지만 해도 아군이었던 동물을 죽이기 시작하였다. 그리고 몇 차례에 걸친 일망타진 작전으로 몽구스가 주는 피해를 간신히 막을 수 있었다.

인 체 와 수 학

우리 몸속에 있는 거인수

세상에는 우리가 생각하지 못하는 거인수가 있다. 앞에서 살펴본 수열들을 보더라도 그 거인수는 엄청나게 크다는 것을 알 수 있다. 하지만 거인수를 만나기 위해서 굳이 특별한 상황을 찾으러 다닐 필요가 없다. 거대한 수는 우리의 주변이나 우리 자신에도 존재하고 있기 때문이다. 다만 그것들을 좀 더 주의 깊게 살피기만 하면 쉽게 거인수를 만날 수 있다. 머리 위의 하늘, 발밑의 모래, 주위의 공기, 몸속의 혈액, 이들 모든 것 속에는 보이지 않는 수의 거인들이 숨어 있다.

많은 사람들이 이제 우주의 거대한 수를 이야기해도 별로 놀라워하지 않는다. 별의 수, 우리들과 별 사이의 거리, 별의 크기와 질량, 별의 나이 등에 대해 이야기하고자 할 때마다 우리들은 예외없이 상상을 뛰어넘는 거대한 수와 만나게 된다. '천문학적인 숫자'라는 표현이 자주 쓰이는 것도 바로 이 때문일 것이다.

하지만 많은 사람들은 천문학자들이 자주 '작은 또는 소(小)'라는 말을 쓰는 우주의 어떤 것이 지구에서의 계량 단위로 계산을 하면 엄청난 거인이라는 것을 잘 모른다. 예를 들어서 우리 태양계에는 보기에 아주 작게 보여서 붙여진 '소행성'이라는 것이 있다. 그것들의 지름은 몇 km 되는 것들도 있다. 거대한 기준에 익숙한 천문학자들의 눈에는 그것들이 너무나 하찮고 작은 것들이어서 '사소한 행성' 따위로 불리기도 한다. 그래서 그 말을 듣는 우리는 그 '사소함' 조차도 지상의 기준에서는 참으로 '거대한 것'임을 깨닫지 못한 채 지나쳐 버린다.

여기 직경 3km의 작은 행성을 예로 들어 보자. 기하학의 간단한 공식을 이용하여 이 행성의 겉넓이를 계산해 보면,

$$4\pi r^2 = 4 \times 3.14 \times 1.5^2 ≒ 28 km^2$$

즉 약 28,000,000m² 임을 알 수 있다. 1m² 에는 약 7명의 사람이 들어설 수 있으므로 28,000,000m² 의 경우라면 1억 9,600만 명을 수용할 수 있는 넓이임을 알 수 있다.

I

우리가 하찮게 생각하는 모래도 우리를 거인수의 세계로 인도한다. 한 줌의 모래에는 중국의 인구만큼이나 많은 모래알이 있다. 우리는 '모래알과 같이 무수하다'는 표현을 심심치 않게 사용한다. 그러나 사람들은 모래알의 수를 너무 과소평가해서 기껏해야 밤하늘에 빛나는 별의 수 정도밖에 안될 것이라고 생각해 왔다. 과거에는 망원경의 성능에 문제가 있어 천체의 일부밖에 볼 수 없었으므로 육안으로는 수천 개의 별밖에는 볼 수 없었다. 이에 비해 해변의 모래알 수는 육안으로 볼 수 있는 별의 수보다 수백만 배나 되는 경우가 허다했다.

우리가 숨을 쉬고 있는 공기 속에도 거인수는 숨어있다. 1cm³의 공기

중에는 27에 18개의 영을 가진 분자라고 불리는 것이 존재하고 있다. 이 수가 얼마나 큰 것인지를 상상하기가 힘들다. 만약 세상에 그만한 사람들이 있다면 지구는 그 사람들을 다 수용할 수 없다. 실제로 모든 육지와 바다를 포함해서 지구의 표면은 약 5억km²이며 이것을 m²로 나타내면 500,000,000,000,000m²이다.

27에 18개의 영을 가진 수를 위의 수로 나누면 54,000이다. 이것은 1m²에 오만 명씩 세워야 한다는 것을 의미한다.

II

앞에서 나는 인간의 몸속에서도 거인수를 찾을 수 있다고 하였다. 예를 들어서 우리의 피에 대해서 이야기를 해보자. 피 한 방울을 현미경으로 관찰을 하게 된다면 피의 색깔을 결정해주는 수도 없이 많은 붉은 점들을 볼 수 있다. 이것을 적혈구라고 하는데 이 적혈구는 가운데가 들어간 둥근 모양의 방석을 닮았다. (그림 24)

인간의 적혈구는 지름 0.007mm, 두께 0.002mm의 크기이다. 하지만 그 수는 엄청나다. 예를 들어서 1mm³의 아주 작은 핏방울에는 약 오백만 개가 들어있다. 그렇다면 당신의 몸 속에 있는 적혈구의 수는 얼마나 될까?

일반적으로 인간의 피는 몸무

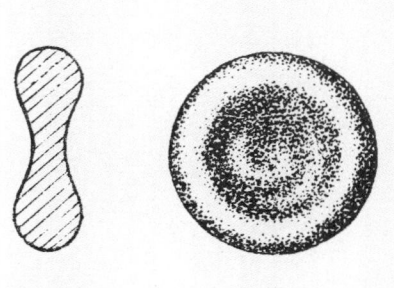

그림 24 → 인간의 적혈구 (3,000배 확대한 모습)

계의 $\frac{1}{14}$ 정도 된다. 만약 당신의 몸무게가 40kg이라면 당신 몸 속에는 약 3리터, 즉 3,000,000mm³의 피가 있다. 1mm³에 오백만 개의 적혈구가 있으니 여러분 몸 속에 있는 적혈구의 수는 다음과 같다.

$$5,000,000 \times 3,000,000 = 15,000,000,000,000 개$$

십오조의 적혈구!

만약 이 적혈구를 일렬로 세워 놓는다면 길이가 얼마나 될까?

그 길이가 105,000km라는 것을 계산하는 것은 어렵지 않다. 이것을 가지고 지구의 적도를 감는다면 105,000÷40,000=2.6번이다. 성인의 적혈구는 지구를 거의 3바퀴 정도 감을 수 있을 만큼의 길이가 된다.

인간에게 이러한 아주 작은 적혈구가 무슨 역할을 하는지 설명해보자. 적혈구는 온몸 구석구석으로 산소를 공급한다. 적혈구들은 폐를 통과할

그림 25 → 성인의 적혈구는 지구를 거의 3 바퀴 정도 돈다

때 산소를 품고 흐름을 따라서 폐에서 가장 먼 몸의 끝까지 산소를 옮겨준다. 이렇게 작은 이유는 작으면 작을수록 표면적이 늘어나고 표면적의 넓이만큼 산소를 옮길 수 있기 때문이다.

이들 적혈구 전체의 표면적은 인간 자체의 표면적보다도 몇 배로 많은 것으로 드러났는데 그 표면적은 약 1200m^2 정도 된다. 이러한 넓이는 가로 40m 세로 30m의 땅과 같은 면적이다. 이제 여러분들은 왜 적혈구가 그렇게 작으며 또 그 수가 그렇게 많은 이유에 대해서 이해했으리라 믿는다. 적혈구들은 인간 몸의 표면적보다도 몇 배나 많은 자신의 표면적만큼 산소를 취할 수 있다.

인간의 수명을 70살이라고 하였을 때 인간은 얼마나 많은 종류와 양의 음식을 섭취했는지 알아보는 것도 거인수를 알아보는 과정 중의 하나이다.

그림 26 → 인간은 살아있는 동안 얼마나 많은 음식을 먹을까?

인간이 자기가 살아있는 동안 섭취하는 물, 빵, 생선, 고기. 우유 등을 계산하려면 아마도 기차가 필요할 것이다. 그림 26은 놀랄만한 결과를 보여주고 있다. 인간이 섭취하는 음식의 무게는 인간의 몸무게보다도 1,000배 많은 양이며 이것은 기다란 화물 열차를 가득 채울 만한 양이다.

07

수로 된 수수께끼

수는 애초에 어떠한 양을 나타내기 위해서 사용해온 추상적인 개념이었습니다. 그렇기 때문에 애초에 수는 자연수만 존재하였습니다. 하지만 수학의 발달로 양수와 음수, 정수와 분수, 유리수와 무리수 그리고 복소수까지 생겼습니다. 그만큼 수의 세계는 복잡하고 놀랍게 발전하였습니다.

이 장에 실려있는 여러 가지 수에 관한 문제들은 여러분들이 수의 세계를 보다 더 친숙하게 알 수 있고 또 수의 세계가 갖고 있는 재미있고 독특한 특성을 느끼는데 많은 도움이 될 것입니다.

1. 5루블을 주면 100루블을 드립니다.

한 '수의 마술사'가 다음과 같은 놀랍고도 재미있는 제안을 관객들에게 하였다.

"여러분들 중에 아무나 50코페이카, 20코페이카, 5코페이카 동전을 사용해서 정확하게 20개의 동전으로 5루블을 만들어서 준다면 제가 100루블을 드리겠습니다. 5루블을 주면 100루블을 드립니다. 누구 원하는 사람 없습니까?"

침묵이 흘렀다. 관객들은 이곳 저곳에서 펜을 가지고 계산을 했지만 무슨 이유에서인지 대답을 하는 사람은 없었다.

"여러분들께서는 100루블을 벌기 위해서 5루블을 지불하는 것이 너무 비싸다고 생각하시는군요. 그렇다면 2루블 깎아 드리겠습니다. 자, 그럼 동전 20개로 3루블을 만들어서 주십시오. 그러면 100루블을 드리겠습니다. 자 3루블에 100루블입니다. 원하는 분들께서는 줄을 서 주세요."

하지만 줄을 서는 사람은 아무도 없었다. 관객들은 100루블을 벌 수 있는 절호의 찬스를 제대로 살리지 못하고 있었다. 그러자 마술사는 다음의 제안을 한다.

"3루블도 비싸다는 이야기인가요? 좋습니다. 그러면 1루블을 더 깎아 드리겠습니다. 똑같이 동전 20개를 가지고 2루블을 만들어서 주십시오. 바로 100루블을 드리도록 하겠습니다."

하지만 돈을 바꾸겠다고 한 사람은 아무도 없었다. 그러자 마술사는 다른 제안을 하였다.

"아마도 동전이 없으신 모양이군요? 걱정 마세요. 그렇다면 제가 드리죠. 다만 제게 어떤 동전이 얼마가 필요한지만 가르쳐 주세요."

만약에 누군가 동전의 개수를 편지로 써준다면 나도 독자 여러분에게 100루블을 드리겠다. 책의 판권면에 있는 출판사 주소로 편지를 보내주기 바란다.

풀이

세 문제 모두 풀 수 없는 문제이다. 마술사도 나도 이것을 푸는 사람에게 무한대의 상금을 줄 준비가 되어 있다. 정말 그런지 하나씩 차례대로 살펴보자.

첫 번째 문제 5루블 만들기는 다음과 같다. 우선 50코페이카 동전은 x, 20코페이카 동전은 y, 5코페이카 동전은 z라고 하자. 그러면 다음과 같은 일차방정식이 나온다.

$50x+20y+5z=500$

5로 양 변을 나누어주면

$10x+4y+z=100$

그리고 전체 동전의 수가 20개 이어야 하므로 다음과 같은 방정식도 성립하여야 한다.

$x+y+z=20$

그러므로 $z=20-x-y$를 첫 번째 식에 대입시키면

$9x+3y=80$

3으로 나누면 다음과 같은 x와 y에 관한 방정식이 나온다

$3x+y=26\frac{2}{3}$

x가 자연수이므로 $3x$는 자연수이고, 20코페이카 동전을 나타내는 y도 자연수이어야 한다. 그러므로 두 수의 합이 자연수가 아닌 $26\frac{2}{3}$가 나올 수 없다. 그러므로 우리는 자연수인 x와 y를 구할 수 없다.

마찬가지의 방법으로 독자 여러분들은 나머지 두 문제도 풀 수 없다는 것을 알게 된다. 3루블에 관한 방정식은 다음과 같으며

$3x+y=13\frac{1}{3}$

2루블에 관한 방정식은 다음과 같다.

$3x+y=6\frac{1}{2}$

두 식 모두 자연수 x, y를 구할 수 없다.

앞에서 본 바와 같이 마술사도 나도 전혀 위험 부담이 없는 것이었다.

하지만 2, 3, 5 루블이 아니라 4루블이라고 했다면 문제는 전혀 다른 양상을 보이게 된다. 이것은 총 7가지 방법이 있는 아주 쉬운 문제이다. 그 중의 하나는 6개의 50코페이카, 2개의 20코페이카, 12개의 5코페이카이다. 나머지는 여러분이 한번 찾아보기 바란다.

2. 마법의 별

뿔이 여섯 개인 별이 그림 1과 같이 있다. 이 마법의 별은 각 줄의 수의 합이 26으로 똑같다. 즉 $4+6+7+9=26$; $11+6+8+1=26$; $4+8+12+2=26$; $11+7+5+3=26$; $9+5+10+2=26$; $1+12+10+3=26$이다.

하지만 꼭짓점의 수를 합한 값은 틀리다. 즉 $4+11+9+3+2+1=30$이다.

각 줄의 수의 합이 26으로 똑같을 뿐만 아니라, 꼭짓점 수의 합도 26이 되도록 만들어 보아라.

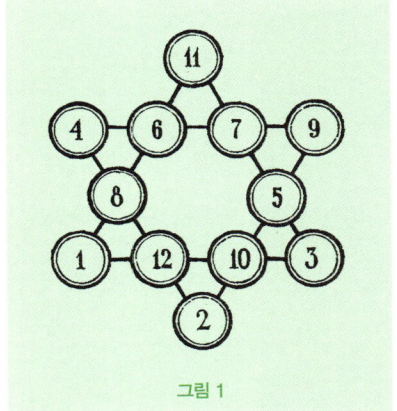

그림 1

풀이

문제를 쉽게 풀기 위해서 다음의 지시사항을 따르기 바란다.

꼭짓점의 수의 합이 26이며, 별 전체의 수의 합은 78이다. 그러므로 안에 씌어져 있는 수의 합은 $78-26=52$이다.

그 다음 큰 삼각형 하나를 살펴보자. 즉 이 삼각형의 한 변의 수의 합은 26이므로 세 변의 수를 더한 값은 $26 \times 3 = 78$이다. 그리고 이 경우에 각 꼭짓점에 위치한 수는 두 번씩 더하게 된다는 것을 우리는 안다. 그러므로 세 변의 안의 수의 합(안의 육각형의 수의 합)은 52이고 삼각형의 꼭짓점의 수

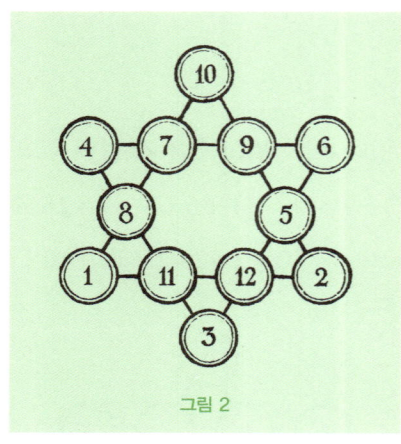

그림 2

의 합을 두 배 한 것이 78−52=26 이므로 꼭짓점을 한 번씩 더한 수는 13이다.

이렇게 되었을 때 우리는 우선 12 또는 11이 별의 꼭짓점에 올 수 없다는 것을 알 수 있다. (왜 그럴까? 한번 생각해보기 바란다). 그러므로 우리는 10부터 차례로 실험을 해보면 되고 나머지 두 수는 1과 2라는 것을 알게 된다.

이런 식으로 대응을 해보면 우리는 그림 2와 같이 된다는 것을 안다.

3. 숫자 삼각형

그림 3의 삼각형의 원 안에 1에서 9까지의 숫자를 써 넣어서 각 줄의 합이 20이 되도록 만들고, 삼각형의 원 안에 1에서 9까지의 숫자를 넣어서 각 줄의 합이 17이 되도록 만들어라.

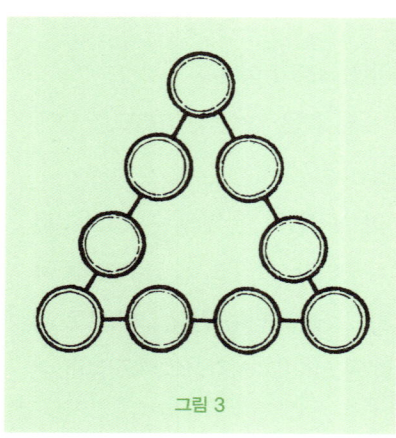

그림 3

풀이

그림 4와 5에 답을 표시하였다. 그리고 꼭짓점이 아닌 변에 위치하고

있는 숫자들의 자리를 바꿈으로써 몇 개 더 만들 수 있다.

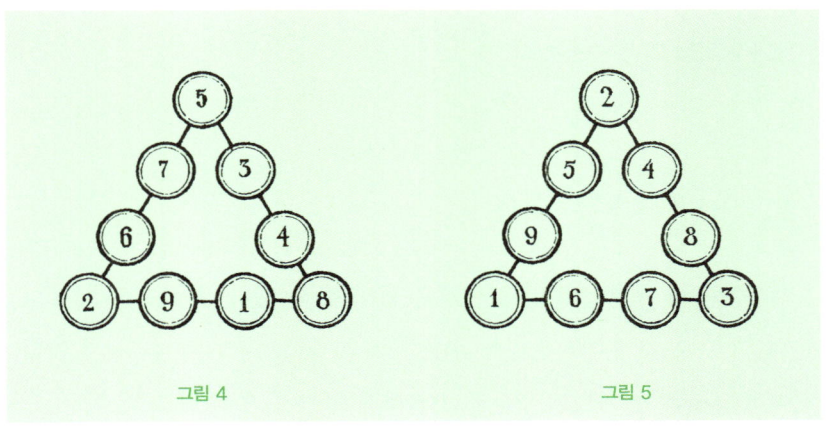

그림 4   그림 5

4. 1,000을 만들어라

수 1000을 8 여덟 개로 표시하여라(숫자 이외에도 수학공식에 쓰이는 부호를 사용할 수 있다).

풀 이

888+88+8+8+8=1000

5. 24를 만들어라

수 24를 세 개의 8로 나타내는 것은 쉽다. 즉 8+8+8 이다. 8이외의 숫자 중 똑같은 것 세 개를 사용해서 24를 나타낼 수 있는 숫자가 있을까?

풀 이

2가지 답이 나온다.

22+2=24 와 $3^3-3=24$

6. 30을 만들어라

수 30을 세 개의 5로 만드는 것은 쉽게 할 수 있다. 즉 5×5 +5이다. 5이외의 숫자 중 똑같은 것 세 개를 가지고 30을 나타내기는 쉽지 않다. 어쩌면 당신은 몇 가지의 경우를 발견하게 될 수도 있다.

풀 이

다음의 3가지 답이 나온다.

6×6−6=30

$3^3+3=30$

33−3=30

7. 지워진 숫자

아래의 식에서 별 표시는 숫자를 대신하고 있다.

$$
\begin{array}{r}
1 \\
\times\ 3*2 \\
\hline
3
\end{array}
$$

```
    3 * 2 *
+   * 2 * 5
─────────
  1 * 8 * 30
```

지워진 숫자를 써 넣어라.

풀 이

가려진 숫자들은 다음과 같은 방식을 쓰면 알아낼 수 있다. 문제를 쉽게 풀기 위해서 각 줄에 번호를 매기자.

```
        * 1 *         ─────  I
×       3 * 2         ─────  II
        * 3 *         ─────  III
      3 * 2 *         ─────  IV
+     * 2 * 5         ─────  V
    1 * 8 * 30        ─────  VI
```

III 열의 마지막 별 표가 0을 나타낸다는 것을 VI 열의 마지막 숫자가 0이라는 것에서 쉽게 알 수 있다.

그 다음 우리는 I 열의 마지막 별 표가 무엇을 의미하는지 알 수 있다. 즉 그 숫자는 2를 곱하게 되면 끝 숫자가 0이 나오게 하는 숫자이고 3을 곱하게 되면 5가 나오게 되는 숫자이다(V 열). 그러므로 이 숫자는 5이다.

II 열의 별표는 일단 짝수이다. 왜냐하면 5에 어떤 수를 곱했을 때 끝이 0이 나오는 수는 짝수이기 때문이다. 그중 15와 곱했을 때 마지막 두 숫자가 20으로 끝나는 수는 8뿐이므로 이 숫자는 8이다.

이렇게 되면 I 열의 첫 번째 별이 무엇인지 알게 된다. 즉 8에 4를 곱하였을 때에만 그 값이 3으로 시작하기 때문이다(VI 열).

이제 나머지 숫자를 맞추는 것은 전혀 어려움이 없다. 앞의 두 열의 숫자만 확실히 안다면 나머지는 쉽게 계산이 가능하다.

그러므로 다음과 같은 식이 나온다.

```
        415
  ×     382
       ————
        830
       3320
  +    1245
       ————
      158530
```

8. 어떤 수를 곱했을까?

별 표시에 숫자를 써넣어라.

```
        * * 5
  ×     1 * *
       ———————
        2 * * 5
       1 3 * 0
  +    * * *
       ———————
       4 * 7 7 *
```

풀이

앞과 마찬가지의 방법으로 문제를 푼다. 이렇게 되었을 때 답은 다음과 같다.

```
      325
   ×  147
    ─────
     2275
     1300
   + 325
    ─────
    47775
```

9. 어떤 수를 나누었을까?

다음 식에서 가려진 숫자를 써 넣어라.

```
                1**
        325 )  *2*5*
              − ***
              ─────
                *0**
              −*9**
              ─────
                 *5*
               − *5*
               ─────
                   0
```

> 풀 이

나눗셈은 다음과 같다.

```
            162
     ┌─────────
 325 │  52650
        325
        ───
        2015
        1950
        ────
         650
         650
         ───
           0
```

10. 11로 나누기

아홉 자리로 된 수 중 숫자가 반복이 되지 않으며 11로 나누었을 때 나머지가 없는 수를 하나 만들어 보아라(즉 모든 자릿수의 숫자가 다르다). 그러한 수 중 가장 큰 수를 써라. 그리고 가장 작은 수를 써라.

> 풀 이

이 문제를 풀기 위해서는 11로 나누어 떨어지는 수를 알아야 한다. 어떤 4자리의 수가 11로 나누어지려면 각 짝수 번째의 숫자의 합에서 홀수 번째 숫자의 합을 빼었을 때 11로 나누어 떨어지거나 0이어야 한다.
예를 한번 들어보자.

수 23,658,904에서 짝수 번째 숫자의 합은 3+5+9+4=21이다. 홀수 번째의 숫자의 합은 2+6+8+0=16이다. 두 수 사이의 차이(큰 수에서 작은 수를 뺀다)는 21-16=5 이다. 이 차이 5는 11로 나누어지지 않기 때문에 처음의 수는 11로 나머지 없이 나누어지지 않는다.

다른 수를 한번 보자.

7,344,535에서 짝수 번째 숫자의 합은 3+4+3=10이다. 그리고 홀수 번째 숫자의 합은 7+4+5+5=21이다. 두 수의 차이는 21-10=11이다.

여기서 11은 11로 나누어 떨어지기 때문에 이 수는 11의 배수이다.

이제 우리는 11로 나누어 나머지가 0이기 위해서는 숫자를 어떻게 배열해야 하는지 알았다.

예를 들어서 352,049,786을 살펴보면

3+2+4+7+6=22

5+0+9+8=22

두 수의 차이는 22-22=0이므로 이 수는 11의 배수이다.

이러한 수 가운데 가장 큰 수는 987,652,413이며 가장 작은 수는 102,347,586이다.

이 문제를 푸는데 별로 도움이 되지는 않지만 11로 나누어 떨어지는 수의 특징에 대해서 더 알아보도록 하자. 오른쪽에서 왼쪽으로 두 자리씩 끊어서 그 수를 전부 더한 것이 11로 나누었을 때 나머지가 0이면 이 수는 11로 나누어지는 수이다.

3가지 정도의 예를 한번 들어보자.

1) 수 154. 우선 수를 1 과 54로 분리한다. 두 수를 합치면 1+54=55이다. 55는 11로 나누어진다. 그러므로 154는 11로 나누어진다. 실제로 계산을 해보면 다음과 같다.

154÷11=14

2) 수 7,843. 우선 수를 78과 43으로 분리한다. 이것을 합하면 78+43=121이다. 이 수는 11로 나눌 수 있다. 그러므로 7,843은 11로 나누어진다.

3) 수 4,375,632. 이 수를 두 자리씩 분리한 뒤 더하면 4+37+56+32=129이다. 이렇게 나온 수는 3자리 수이므로 다시 분리해준다(1+29). 그리고 1+29=30으로 더해준다. 이렇게 나온 30은 11로 나누어지지 않는다. 그러므로 129도 4,375,632도 11로 나누어지지 않는다.

이 특성은 어디에 근거를 둔 것일까?

마지막 예를 가지고 설명을 해보자.

수 4,375,632=4,000,000+370,000+5,600+32이다.

이 수는 다음과 같이 나타낼 수 있다.

$$\begin{aligned}4{,}000{,}000 &= 4\times 999{,}999 + + 4\\ 370{,}000 &= 37\times \phantom{9{,}}9{,}999 + +37\\ 5{,}600 &= 56\times \phantom{99{,}9}99 + +56\\ 32 &= \phantom{56\times 99{,}999} +32\end{aligned}$$

4,375,632=11의 배수+(4+37+56+32)

왜냐하면 수 99와 9,999 그리고 999,999는 11의 배수이므로 이 수를 곱한 수는 11로 나누어진다. 그러므로 이 수가 11로 나누어지기 위해서는 위의 괄호 안의 수가 11로 나누어지면 된다.

11. 이상한 곱셈

다음의 두 수의 곱셈을 보아라.

48×159=7632

위의 식이 이상한 것은 숫자 아홉 개가 1번씩만 사용되었다는 것이다. 여러분은 위와 같은 식을 만들 수 있나? 만약 있다면 그러한 경우는 몇 가지일까?

풀이

참을성 있게 문제를 푸는 독자들은 아홉 가지의 경우를 만들 수 있다. 그것은 다음과 같다.

12×483＝5796
42×138＝5796
18×297＝5346
27×198＝5346
39×186＝7254
48×159＝7632
28×157＝4396
4×1738＝6952
4×1963＝7852

12. 수로 하는 마술

'수의 마술사'가 여러분에게 마술을 보여준다.

"제가 지금부터 수로 하는 마술을 하나 보여드리겠습니다. 여러분들은 이 마술의 비밀을 알아맞히시면 됩니다. 저를 도와주실 분이 필요한데… 음, 첫 줄에 앉으신 아가씨께서 도와주시죠. 먼저 세 자리로 된 수 중 아무거나 쓰세요. 제가 모르게 말입니다."

"0이 들어가도 되나요?" 아가씨가 물었다.

"아무런 조건도 달지 않겠습니다. 세 자리로 된 수면 다 됩니다."

"썼어요. 다음에는요?"

"한 번 더 그 수를 쓰세요. 그렇게 되면 여섯 자리의 수가 됩니다."

"예. 여섯자리 수가 되었어요."

"종이를 옆 사람에게 전해주세요. 오른쪽이나 왼쪽 마음에 드는 사람에게 주세요. 선생님은 그 수를 7로 나누어보세요. 만약 나머지가 남게 되면 벌칙을 드릴 테니 주의를 기울이셔야 될 겁니다."

"벌칙이라니요, 그게 무슨 말씀이세요. 7로 나누면 나누어지지 않고 나머지가 남을 텐데. 그건 제 잘못이 아니잖아요." 옆의 사람이 깜짝 놀라며 이야기했다.

"하하, 걱정 마십시오. 나머지 없이 나누어집니다."

"제가 어떤 수를 가지고 있는지도 모르면서 어떻게 나머지가 없다는 것을 확신하나요?"

"한번 나누어 보세요. 그리고 나서 이야기를 계속 해 보죠."

"음, 운이 좋군요. 정말 나머지 없이 나누어지는군요."

"그럼, 그 결과를 다음 사람에게 전해주세요. 물론 저한테는 보이지 않게 말이죠. 그리고 다음 분은 11로 나누어 주세요."

"아니, 이번에도 운이 따를 거라고 생각하세요?"

"나눠보세요. 나머지는 없을 겁니다."

"어, 정말이군요. 다음은 뭐죠?"

"다음 사람에게 결과를 전해주고요. 그 다음에는, 음…… 13으로 나누어 주세요."

"참, 계속해서 어려운 수를 선택하시는군요. 13으로 나누어지는 수는 많지 않을 텐데…… 아니, 정말로 나누어지는군요. 당신은 정말로 운이 좋군요."

"결과를 제게 주세요. 단, 접어서 제가 안을 못 보게 해주세요."

접힌 종이가 마술사의 손을 거쳐서 첫 줄의 아가씨에게 전달되었다.

"당신이 생각한 수가 맞는지 한번 보세요."

"맞아요, 정확하군요! 어떻게 된 일인가요?"

아가씨는 종이에 써있는 수를 보고 놀랐다.

"제가 생각한 수와 당신이 생각한 수가 같았던 모양이군요."

"신기하네요. 어떻게 이렇게 됐을까?"

풀이

세 번의 나눗셈 결과는 애초에 생각했던 세 자리 수와 똑같을 것이다. 여기에는 어떤 원리가 숨어 있는지를 살펴보면 된다. 우리는 먼저 생각한 세 자리 수를 한 번 더 썼다. 이것은 0을 세 개 쓴 뒤 앞의 수를 더한 것과 같다. 872를 예로 들어보자.

$$872,872 = 872,000 + 872 = 872(1,000+1)$$

이렇게 보면 수에 어떤 작업을 한 것인지 분명해 보일 것이다. 즉 생각한 수를 1,000배를 한 다음에 그 수를 다시 한 번 더한 것이다. 즉 1,001을 곱한 것이다.

우리는 이 수를 7, 11, 13의 순서로 나누었다. 이것은 결국 7×11×13＝1,001로 나눈 것이다. 따라서 최초에 생각했던 숫자에 처음에는 1,001로 곱한 다음, 다시 1,001(7×11×13)로 나눈 것이다. 그렇다면 나온 수가 처음에 생각한 수와 같다는 것이 전혀 놀라운 일이 아니고 또 당연히 각 나눗셈마다 나머지도 남지 않게 되는 것이다.

그렇다면 이 당연한 나눗셈을 하면서 문제를 낸 사람이 나머지가 남으면 벌칙을 주겠다고 말한 것은 무엇 때문일까? 만약, 나머지가 생긴다면 그것은 나눗셈을 잘못한 것인데, 이렇게 위급한 상황 속에서도 주의를 기울여서 침착하게 문제를 풀지 않으면 정답을 구할 수 없다. 결국 마술사는 벌칙이라는 말로 사람들의 긴장을 유발한 것이다.

1,001과 비슷한 재미있는 수의 조합을 가진 수를 알아보면 다음과 같다.

10,101＝3×7×13×37
111,111＝3×7×11×13×37

마 술 과 　 수 학

수로 하는 마술

 앞에서 나온 수로 하는 마술과 더불어서 여러분들이 친구들과 재미있게 놀 수 있는 마술 세 가지를 더 가르쳐주겠다. 두 가지는 숫자를 알아맞히는 것이고 세 번째는 물건을 가지고 있는 사람을 맞히는 것이다. 이것은 오래된 것으로 어쩌면 여러분들이 이미 알고 있는 것일 수도 있다. 하지만 대부분의 사람들은 그 원리를 잘 모른다. 원리를 알지 못한다면 마술을 제대로 수행할 수 없다. 처음 두 가지의 마술을 이해하기 위해서는 수학의 기초만 알면 된다.

I. 지워진 숫자

 친구에게 몇 개의 자릿수로 이루어진 수를 생각하라고 한다. 예를 들어서 847을 생각했다고 하자. 친구에게 각 자리의 숫자를 더하라고 (8+4+7=19) 한 뒤 생각한 수에서 빼라고 한다. 즉 다음과 같이 된다.

$$847-19=828$$

 나온 수의 숫자 중 아무거나 하나를 지우라고 한다. 그리고 나머지를 당신에게 알려달라고 한다. 비록 당신은 어떤 수를 친구가 생각했는지를 모르지만 그 지워진 숫자가 무엇인지 바로 맞춘다. 어떻게 당신은 이 숫자를 맞힐 수 있었을까? 마술의 열쇠가 무엇일까?

이것은 매우 간단한 것이다. 당신에게 알려준 숫자를 9로 나누었을 때 나머지가 나오지 않게 된다. 예를 보자 828 중에서 첫 번째 숫자(8)을 지웠다고 하자. 당신에게 알려준 나머지 숫자는 2와 8이다. 2+8을 한 후 9로 나누었을 때 나머지가 없는 가장 가까운 수 즉 18을 만들기 위해서 이 수는 8이 부족하다. 이것이 지워진 숫자이다.

어떻게 이런 결과가 나올 수 있을까? 어떤 수를 각 자릿수의 숫자들의 합으로 빼게 되면 9로 나누어지기 때문이다. 다른 말로 표현하면 각 자릿수의 숫자들은 9로 나누어진다. 실제로 다음과 같이 볼 수 있다. 백의 자리 숫자를 a라 하고 십의 자리 숫자를 b, 일의 자리 숫자를 c라고 하자.

$$100a+10b+c$$

이 수를 각 숫자의 합인 a+b+c로 빼면 다음과 같다.

$$100a+10b+c-(a+b+c)=99a+9b=9(11a+b)$$

여기서 9(11a+b)는 당연히 9로 나누어진다. 즉 어떤 수를 각각의 자리 수의 숫자의 합으로 빼게 되면 항상 9로 나누었을 때 나머지가 0이 된다.

마술을 수행할 때 사용되는 숫자가 9로 나누어 떨어지는 경우가 있다. (예를 들어서 4와 5) 이렇게 되면 지워진 숫자는 0 또는 9이다. 이런 경우에 당신은 '0 또는 9'라고 대답해야 한다.

마찬가지 마술의 변형이 있다. 각 자릿수의 숫자의 합을 그 수에서 빼주기 위해서 자릿수의 숫자들의 자리를 옮겨준다. 예를 들어 8247이라고 한다면 2748로 바꿀 수 있다(만약 나온 수가 생각한 수보다 크다면 큰 수에서 작은 수를 빼준다). 그 다음 큰 수에서 작은 수를 빼준다. $8247-2748=5499$. 만약 지운 수가 4라고 한다면 당신이 알고 있는 수 5,9,9를 더한 후에 (5+9+9=23) 그 수에서 가장 가까운 9의 배수를 찾는다 (여기서는 27이다). 이렇게 하면 지워진 숫자가 $27-23=4$ 라는 것을 알게 된다.

II. 물어보지 않고 수 맞히기

친구에게 0으로 끝나지 않는 세 자리 수를 생각하게 한다. 즉 마지막 자릿수의 숫자는 1 이상이어야 한다. 그리고 그 수를 역순으로 만들라고 한다. 이렇게 한 후 두 수 가운데 큰 수에서 작은 수를 빼라고 한다. 값이 나오면 이 수를 역순으로 만든다. 그리고 빼서 나온 값에 이 역순의 수를 더해준다. 당신은 친구에게 아무런 질문도 하지 않은 채 마지막에 나온 값을 알아맞힌다.

예를 들어서 생각한 수가 467이라고 하면 친구는 다음과 같은 계산을 하게 된다.

| 467 | 764 | $764-467=297$ |
| | | $297+792=1,089$ |

이렇게 나온 답 1,089을 정확하게 당신은 맞춘다. 어떻게 알 수 있었을까?

차근하게 한번 살펴보자. 각 자리의 숫자가 a, b, c인 세 자리 수가 있다고 하자. 이 수는 다음과 같은 형식으로 이루어져 있다.

100a+10b+c

역순으로 수를 만들게 되면 다음과 같다.

100c+10b+a

첫 번째 수와 두 번째 수의 차이 값은 아래와 같다.

99a−99c

다음과 같이 재구성 해보자.

99a−99c=99(a−c)=100(a−c)−a+c=100(a−c)−100+100−10+10−a+c=100(a−c−1)+90+(10−a+c)

즉 차이 값은 다음과 같은 3부분으로 이루어져 있다.

백의 자리 숫자 : a−c−1

십의 자리 숫자 : 9

일의 자리 숫자 : 10−a+c

역순으로 만든 수는 다음과 같이 표현된다.

100(10−a+c)+90+(a−c−1)

두 가지로 표현된 수를 더하여보자.

$$\begin{array}{r} 100(a-c-1)+90+10-a+c \\ +\quad 100(10-a+c)+90+(a-c-1) \\ \hline 100\times 9+180+9=1{,}089 \end{array}$$

a, b, c가 어떤 숫자가 되든 결과는 항상 같은 수인 1,089가 나온다. 그렇기 때문에 당신이 이미 알고 있는 이 답을 알아맞히는 것은 아주 쉬운 일이다. 이 마술의 단점은 한 번 이상 보여주면 안된다는 것이다. 두 번째에는 누구나 마술의 비밀을 알아차리기 때문이다.

III. 누가 무엇을 가지고 있나?

이 마술을 하기 위해서는 주머니에 들어갈 만한 3가지의 아주 작은 소품을 준비해야만 한다. 예를 들어서 연필, 열쇠 그리고 지우개 등이다. 그리고 24개의 호두가 있는 접시를 탁자 위에 놓는다. 호두 대신 솔방울, 도미노 칩, 성냥 등을 놓을 수도 있다.

3명의 친구에게 당신이 없는 사이에 연필과 열쇠, 지우개를 각자가 주머니에 숨기라고 한다. 당신은 누구의 주머니에 무엇이 있는지를 알아맞힌다.

과정은 다음과 같이 진행된다. 당신은 친구들이 물건을 다 숨긴 후 방으로 돌아온다. 당신은 접시 위에 놓인 호두를 나누어준다. 첫 번째 친구에게는 호두 1알을, 두 번째 친구에게는 2알을, 세 번째 친구에게는 3알을 준다. 그리고 다시 방을 나간다. 방을 나가기 전에 당신은 친구들에게 다음과 같이 부탁한다. 연필을 숨긴 친구는 자기가 가지고 있는 호두알만큼 더 갖고, 열쇠를 숨긴 친구는 자기가 가지고 있는 호두알보다 2배 더 갖고, 지우개를 가진 친구는 4배 더 가지라고 이야기한다. 나머지 호두는 접시 위에 놓여 있다. 위와 같이 친구들이 호두 알을 가져간 후 당신에게 들어오라는 신호를 주면 당신은 방으로 들어온다. 그리고 당신은 남아 있는 호두를 보면서 누가 어떤 것을 가지고 있는지를 알아맞힌다.

이 마술을 하는 동안 어느 누구도 당신에게 몰래 가르쳐주지 않을 뿐더러 어떠한 속임수도 없다. 이것은 수학적인 계산에 의해서 가능한 것이다. 당신은 남아 있는 호두알의 개수를 가지고 누가 무엇을 가지고 있는지 알아맞히는 것이다. 접시 위에는 호두알이 적게 남아 있다. 그 수는 1~7알 이다. 한 눈에 그 수를 셀 정도이다. 남아 있는 호두를 보고 어떻게 누가 무엇을 가져갔는지 알아맞힐 수 있을까?

매우 간단하다. 친구들이 어떤 물건을 숨겼는가에 따라서 남아있는 호두알이 틀리기 때문이다. 우리는 지금부터 그것을 증명할 것이다.

예를 들어서 당신 친구의 이름을 블라디미르, 게오르기, 콘스탄친 이라고 하자. 그리고 그들을 순서대로 알파벳으로 V, G, K라고 표시를 하자. 그리고 물건들도 마찬가지로 알파벳으로 연필은 a, 열쇠는 b, 지우개는 c로 나타내자. 3명이 3개의 물건을 가질 경우는 다음과 같이 6가지이다.

V	G	K
a	b	c
a	c	b
b	a	c
b	c	a
c	a	b
c	b	a

다른 경우는 있을 수 없다. 위의 표에는 모든 경우가 나와 있다.
이 6가지 경우에 나머지가 어떻게 되는지 알아보자.

V	G	K	가져간 호두 알 수	합	나머지
a	b	c	1+1=2, 2+4=6, 3+12=15	23	1
a	c	b	1+1=2, 2+8=10, 3+6=9	21	3
b	a	c	1+2=3, 2+2=4, 3+12=15	22	2
b	c	a	1+2=3, 2+8=10, 3+3=6	19	5
c	a	b	1+4=5, 2+2=4, 3+6=9	18	6
c	b	a	1+4=5, 2+4=6, 3+3=6	17	7

위에서 살펴본 바와 같이 각각의 경우에 나머지가 전부 다르다. 그렇기 때문에 나머지를 알면 당신은 쉽게 친구들이 어떻게 물건을 가져갔는지 알 수 있다. 당신은 세 번째로 방을 나서면서 당신이 가지고 있는 위의 표를 (실제로 위의 표의 앞과 마지막만 알면 된다) 본다. 이것을 외운다는 것은 쉬운 일이 아니며 외울 필요도 없다. 이 표는 누구의 주머니에 무엇이 있는지 알려준다. 만약 5알의 호두가 접시에 남아 있다면 다음과 같이 될 것이다.

열쇠 ——— 블라디미르
지우개 ——— 게오르기

연필 ——— 콘스탄친

마술을 정확하게 하기 위해서 가장 중요한 것은 당신이 누구에게 몇 개의 호두를 주었는가를 기억하는 것이다(호두를 나누어줄 때 알파벳 순서로 주면 쉽다).

08

다양한 문제들

이 책을 읽으면서 독자들에게 자그마한 소득이라도 있었기를 희망합니다. 단순하게 수와 수학에 대한 관심만 갖게 된 것이 아니라 여러분들에게 실제적인 도움이 있었을 것이라 믿습니다. 이 책을 읽고 나면 아마도 여러분들은 자신이 알고 있었던 것이 무엇인지 또 어디까지 알고 있는지에 대해서 잘 알게 될 것입니다. 그리고 여러분이 알고 있는 것을 실제 생활에서 응용하여 잘 활용할 수 있기를 바랍니다.

아마도 독자 여러분들은 지금쯤 실제로 내 실력이 얼마나 늘었을까 하고 시험을 하고 싶을 것입니다. 이 장에 나와있는 24개의 문제들을 풀어보시면 여러분의 실력이 얼마나 늘었는지 느끼실 수 있을 것입니다. 앞의 12문제는 쉬운 문제들이며, 뒤의 12문제는 약간의 지식과 생각을 필요로 하는 문제들입니다. 여러분들은 문제를 풀면서 수학의 세계가 언제나 우리와 함께 있다는 것을 더욱 확실히 느낄 수 있을 것입니다.

1. 거미와 딱정벌레

한 소년이 거미와 딱정벌레를 상자에 담았다. 모두 8마리였다. 다리를 세어보았더니 모두 54개였다. 상자 속에는 몇 마리의 거미와 몇 마리의 딱정벌레가 있을까?

풀 이

이 문제를 풀기 위해서는 먼저 자연에 대한 지식이 있어야 한다. 즉 거미의 다리가 몇 개고 딱정벌레의 다리가 몇 개인지 알아야 한다. 거미의 다리는 8개이고 딱정벌레의 다리는 6개이다.

만약 상자 안에 딱정벌레 8마리만 있다면 다리의 개수는 6×8=48개이다. 즉 주어진 것 보다 6개가 적다. 딱정벌레 1마리 대신 거미 1마리를 넣어보자. 그러면 다리 두 개가 더 늘어난다. 왜냐하면 거미의 다리는 딱정벌레의 다리보다 2개가 더 많기 때문이다. 이런 식으로 세 마리의 딱정벌레 대신 3마리의 거미를 넣으면 다리가 모두 54개가 된다. 즉 상자 안에는 5마리의 딱정벌레와 3마리의 거미가 있다. 즉 5×6=30이고 3×8=24이므로 30+24= 54이다.

다른 방법으로 계산할 수도 있다. 상자 안에 8마리 모두 거미가 있다고 가정을 하고 시작할 수도 있다. 이렇게 되면 8×8=64이므로 주어진 것보다 10개가 많다. 1마리의 거미를 1마리의 딱정벌레로 바꾸게 되면 2개의 다리가 적게 된다. 이런 식으로 5마리의 거미를 5마리의 딱정벌레로 바꾸면 마찬가지로 54개의 다리가 나오게 된다.

이와 비슷한 문제가 대한민국에도 있다. 조선 후기의 실학자 황윤석이 18세기에 쓴 《이수신편(理藪新編)》에 보면 '계토산(鷄兎算)'이 나온다. 즉 닭과 토끼를 세는 방법을 나타내는 이 계토산의 문제는 다음과 같았다.

"닭과 토끼가 모두 100마리인데, 다리를 세어 보니 272개였다. 닭과 토끼는 각각 몇 마리인가?"

여기서 황윤석은 위와는 조금 다른 계산 방법으로 이 문제를 풀고 있다. 황윤석은 닭과 토끼가 모두 다리의 절반을 들고 있다고 가정하는 '이율분신(二率分身)'이라는 방법으로 풀고 있다.

닭과 토끼 모두가 다리의 절반을 들고 있다고 가정한다면 닭은 다리가 하나, 토끼는 다리가 둘이 되고, 그 수는 모두 136이 된다. 여기서 다리 수와 총 마리 수의 차이, 곧 36은 토끼의 마리 수가 된다. 왜냐 하면 이율분신에 의해 닭은 다리 수와 마리 수가 같지만, 토끼는 다리 수가 마리 수보다 하나씩 많기 때문이다.

이율분신은 연립방정식을 만들면 그것을 쉽게 이해할 수 있다. 즉 애초의 문제를 $x+y=100$, $2x+4y=272$으로 연립방정식을 만들어서 계산할 수 있는데 이때 두 번째 식의 양변을 바로 2로 나누어서 $x+2y=136$으로 만들어서 계산하는 것이다.

2. 쇠사슬

대장장이에게 5개의 쇠사슬(한 쇠사슬에는 3개의 고리가 연결되어 있다)을 가져와서 한 줄로 연결해 달라고 했다. 작업에 들어가기 전에 대장장이는 몇 개의 고리를 끊었다가 다시 연결해야 하는지를 생각하였다. 그는 4개의 고리를 끊었다가 연결하면 된다고 결정하였다.

4개보다 더 적게 고리를 끊었다가 연결해서 하나로 만드는 방법은 없을까?

풀이

3개의 고리만 녹였다 붙여서 과제를 해결할 수 있다. 쇠사슬 1개의 고리 3개를 모두 녹여서 일단 서로서로를 분리시킨 뒤 이것으로 나머지 4개의 쇠

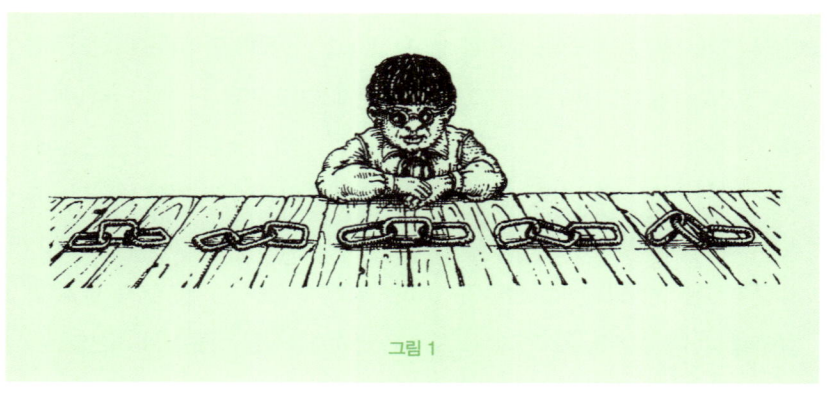

그림 1

사슬을 연결시키면 된다.

3. 우의, 모자 그리고 장화

한 사람이 우의, 모자 그리고 장화를 사는데 140루블을 지불하였다. 우의는 모자보다 90루블 비쌌으며 우의와 모자의 값을 합친 것은 두 켤레의 장화보다 120루블이 비쌌다. 각각의 물건의 가격은 얼마일까? 단, 이 문제는 종이에 쓰지 않고 암산으로만 계산해야 한다.

풀이

만약 우의, 모자 그리고 장화 3가지를 모두 사는 대신 장화 두 켤레를 산다면 140루블이 아닌 20루블을 지불하기만 하면 된다. 왜냐하면 우의와 모자의 값을 합친 것은 두 켤레의 장화보다 120루블이 비싸기 때문이다. 즉 140−120=20루블은 두 켤레의 장화의 값이다. 그러므로 장화 한 켤레의 값은 10루블이다.

이제는 우의와 모자를 합한 금액이 얼마인지 알게 되었다. 140−10=130루블이다. 그리고 우의는 모자보다 90루블이 비싸다고 하였다. 앞에서 알아본 방식으로 한번 문제를 풀어보자. 우의와 모자 각각 하나씩 사는 대신 모자 두 개를 사보자. 이때 우리는 130루블 대신 90루블이 적은 돈을 내면 된다. 즉 모자 두 개의 가격은 130−90=40루블이다. 그러므로 모자 한 개의 가격은 20루블이다.

그러므로 우리는 장화는 10루블, 모자는 20루블, 우의는 110루블이라는 것을 알 수 있다.

4. 비행

비행기가 A라는 도시에서 B라는 도시까지 날아가는데 1시간 20분이 걸렸다. 그런데 반대로 날아간 비행기는 80분 만에 도착하였다. 어떻게 했을까?

풀 이

이 문제는 설명할 필요가 없다. 왜냐하면 비행기는 왕복을 하면서 똑같은 시간을 날았기 때문이다. 즉 80분은 1시간 20분이기 때문이다. 이 문제는 1시간 20분과 80분을 대충보고 다르다고 생각할 수 있는 어설픈 독자들을 위한 문제이다. 이상하게 들릴지 모르지만 이러한 함정에 빠지는 사람들은 아주 많다. 그리고 일반적으로 80분이 1시간 20분보다도 짧은 시간이라고 생각한다.

이 이유는 사람들이 십진법과 돈 등에 익숙하기 때문이다. 즉 '1시간 20분'이라고 쓴 것과 함께 '80분'이라고 쓴 것이 있으면 우리는 흔히 120과 80의 차이라고 생각을 하기 쉽다. 심리적인 오류를 확인하기 위한 문제였다.

5. 두 개의 숫자

자연수 중 가장 작은 수를 나타낼 수 있는 두 개의 숫자의 조합은 몇 가지가 있을까?

풀이

두 개의 숫자로 쓸 수 있는 자연수 중 가장 작은 수, 즉 1을 나타내는 조합은 대부분이 생각하는 것처럼 10개가 아니다. 일단 1은 다음과 같이 나타낼 수 있다.

$$\frac{1}{1}, \frac{2}{2}, \frac{3}{3}, \frac{4}{4}, \frac{5}{5}, \frac{6}{6}, \frac{7}{7}, \frac{8}{8}, \frac{9}{9}$$

대수학을 배운 사람들은 여기에 다음을 더할 수 있다.

$1^0, 2^0, 3^0, 4^0, 5^0, 6^0, 7^0, 8^0, 9^0$

왜냐하면 모든 수의 0제곱은 1이기 때문이다. 하지만 $\frac{0}{0}$ 또는 0^0은 1이 아니다.

6. 1이 되는 열 개의 숫자

모든 숫자 열 개를 이용해서 1을 나타내어 보아라.

풀이

일단 두 분수의 합이 1인 경우가 있다.

$$\frac{148}{296} + \frac{35}{70} = 1$$

대수학을 안다면 다른 대답도 할 수 있다.

123456789^0; 234567^{9-8-1} 등

이것은 앞에서도 이야기했듯이 0을 제외한 모든 수의 0제곱 값은 1이기 때문이다.

7. 다섯 개의 9

9를 다섯 개 사용해서 10을 만들어 보아라. 최소한 두 가지 방법을 제시해라.

> **풀이**
>
> 다음과 같은 두 가지 방법이 있다.
>
> $9 + \dfrac{99}{99} = 10$
>
> $\dfrac{99}{9} - \dfrac{9}{9} = 10$
>
> 대수학을 아는 사람들은 다음과 같이 문제를 풀 수도 있다.
>
> $(9\dfrac{9}{9})^{\frac{9}{9}} = 10$
>
> $9 + 99^{9-9} = 10$

8. 열 개의 숫자

0에서 9까지의 숫자 10개를 한번씩만 사용해서 100을 만들어 보아라. 몇 가지 방법으로 당신은 100을 만들 수 있는가? 네 가지 이상의 방법이 존재한다.

> **풀이**
>
> 네 가지 방법은 다음과 같다.
>
> $70 + 24\dfrac{9}{18} + 5\dfrac{3}{6} = 100$

$$80\frac{27}{54}+19\frac{3}{6}=100$$
$$87+9\frac{4}{5}+3\frac{12}{60}=100$$
$$50\frac{1}{2}+49\frac{38}{76}=100$$

9. 똑같은 숫자 다섯 개

다섯 개의 같은 숫자를 다섯 번 사용해서 100을 만드는 네 가지 이상의 방법을 제시해라.

풀 이

1, 3, 5 다섯 개를 사용해서 수 100을 만들 수 있다. 그 중에서 5가 가장 쉽다.

$$111-11=100$$
$$33\times 3+\frac{3}{3}=100$$
$$5\times 5\times 5-5\times 5=100$$
$$(5+5+5+5)\times 5=100$$

10. 네 개의 1

네 개의 1로 만들 수 있는 가장 큰 수는 몇일까?

그림 2

풀이

이 문제에 대해서 사람들은 1,111이라고 대답하는 경우가 많다. 하지만 실제로는 그것보다 훨씬 큰 수를 쓸 수 있다. 즉 11을 11제곱 한 수인 11^{11}이다. 만약 여러분이 끈기를 가지고 계산을 해본다면 이 수는 이천팔백억 이상의 수가 나온다. 즉 이 수는 1,111보다 약 이억오천만 배 큰 수이다.

11. 어떻게 될까?

1m²에 1mm마다 선분을 그었을 때 이 선분을 일직선으로 연결하면 그 길이가 얼마나 될까? 그리고 1m³ 안에 들어있는 1mm³의 정육면체를 일렬로 세우면 몇 km의 길이가 될까 생각해 보라. 단, 암산으로 계산해 보라.

풀이

1m² 안에 1mm² 정사각형 1,000,000개를 그려넣을 수 있다. 그리고 1mm² 정사각형 1,000개를 일직선으로 연결하면 1,000mm, 즉 1m가 된다. 그러므로 1,000,000개를 일직선으로 연결하면 1,000m, 즉 1km가 된다.

1m³ 안에 들어있는 1mm³의 정육면체를 일렬로 세운 길이는 1,000km이다. 정말 그럴까하고 여러분은 의심할 것이다. 한번 살펴보자.

1m³ 안의 1mm³ 정육면체는 모두 1,000×1,000×1,000개 이다. 천 개의 1mm³ 정육면체를 일렬로 세운다면 그 길이는 1,000mm=1m 이다. 이러한 것이 1,000×1,000개, 즉 백만 개가 더 있으므로 그 길이는 1,000,000m, 즉 1,000km가 된다.

12. 삼발이 의자

흔히 이야기하기를 다리가 세 개인 삼발이 의자는 그 다리의 길이가 서로 다르더라도 전혀 흔들리지 않는다고 한다. 정말 그럴까?

풀이

삼발이 의자의 세 다리는 항상 바닥에 닿는다. 왜냐하면 3차원의 어떤 점 3개를 연결하면 이것은 항상 평면에 위치하기 때문이다. 이 문제는 기하학적인 문제이지 물리학적인 문제가 아니다. 바로 이렇기 때문에 측량기나 사진기 받침대의 다리가 세 개이다. 네 번째 다리를 만든다면 더욱 견고해지는 것이 아니라 그 반대로 흔들리지 않게 고정하는 것이 어렵게 된다.

13. 적도여행

그림 3 → 만약 우리가 지구의 적도를 따라서 걸어간다면……

만약 우리가 지구의 적도를 따라서 걸어서 여행할 수 있다고 한다면 우리의 정수리는 우리의 발보다 더 긴 거리를 움직이게 된다. 그 차이가 얼마나 될까?

풀이

사람의 키를 175cm라고 하고 지구의 지름을 R이라고 한다면 다음과 같다.
$2 \times 3.14 \times (R+175) - 2 \times 3.14 \times R = 2 \times 3.14 \times 175 = 1,099$cm,
즉 약 11m이다.
여기서 놀라운 것은 답이 원의 지름과 전혀 상관이 없다는 것이다. 즉 태양을 한 바퀴 돌든지 작은 공을 한 바퀴 돌든지 똑같은 차이를 갖는다는 것이다.

14. 숫자로 된 바퀴

1에서 9까지의 숫자를 그림 4의 원 안에 써넣는다. 단 중심에 있는 숫자 하나를 포함해서 양 끝의 숫자를 더했을 때 그 합이 15가 나와야

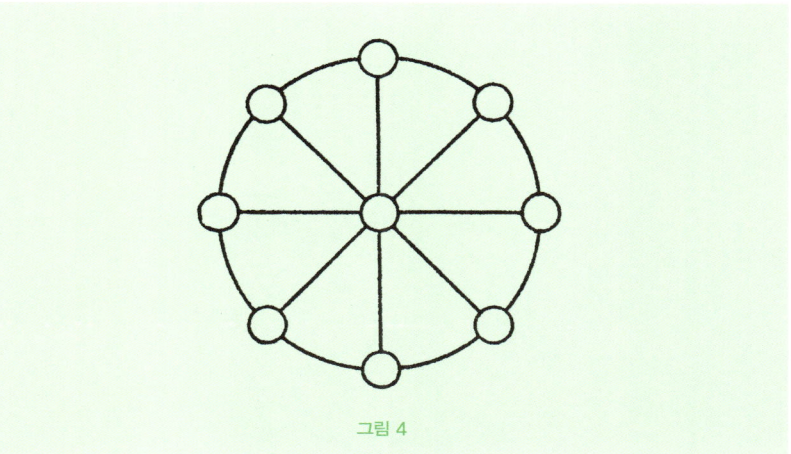

그림 4

한다.

풀 이

답은 그림 5와 같다.

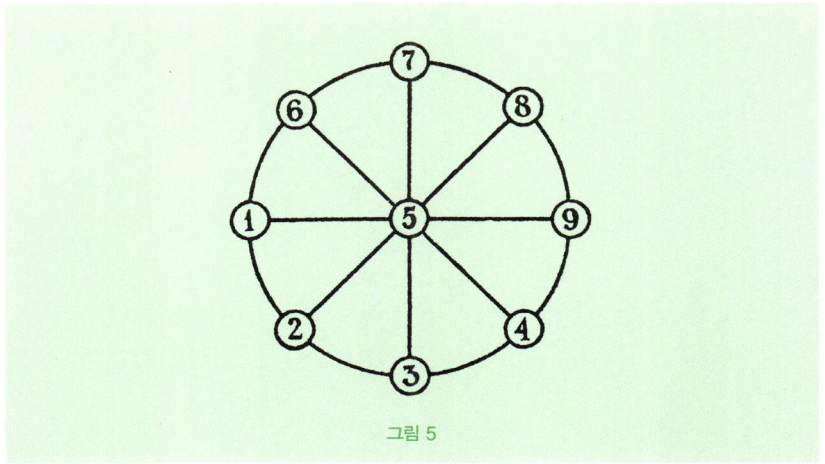

그림 5

15. 뿔이 8개인 별

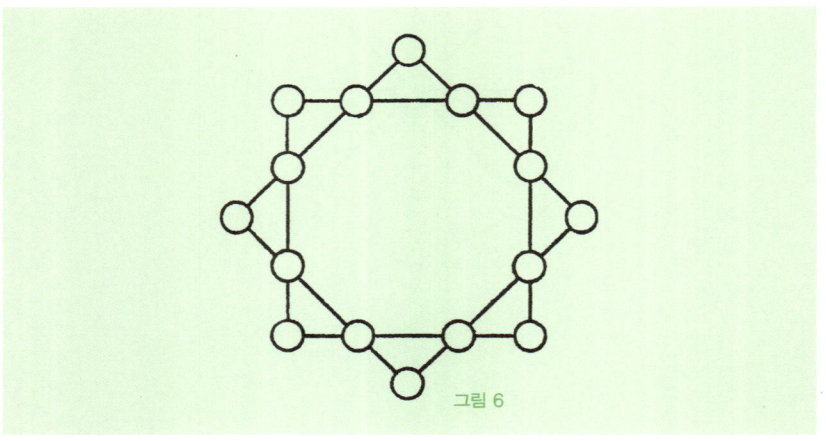

그림 6

1에서 16까지 그림 6의 원 안에 써 넣는다. 단, 이때 사각형의 각 변에 놓여 있는 수의 합이 34가 되어야 하며 각 사각형의 꼭지점의 수의 합이 34이어야 한다.

풀 이

답은 그림 7과 같다.

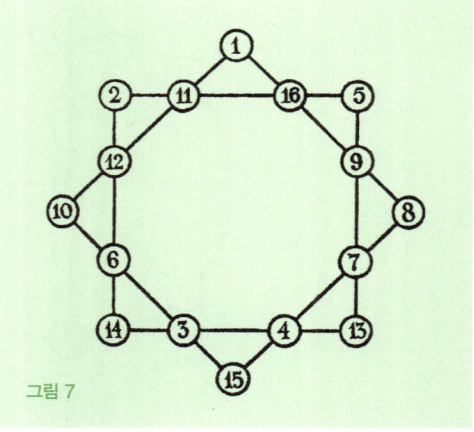

그림 7

16. 숫자판

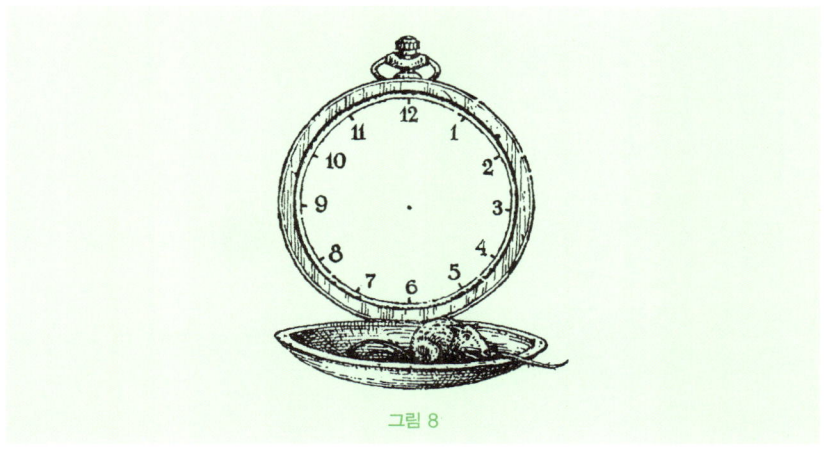

그림 8

그림 8의 숫자판을 6등분하는데 각각의 부분에 속한 숫자의 합이 모두 같아야 한다. 이 문제는 답을 맞히는 것도 중요하지만 얼마나 빨리 알아내는가도 중요하다.

풀 이

숫자판의 모든 수를 더하면 78이 된다. 그러므로 6으로 나누면 13이 되고 이것은 6등분된 각 부분의 수의 합이다. 이것은 그림 9와 같다.

그림 9

17. 똑같은 길이의 길은?

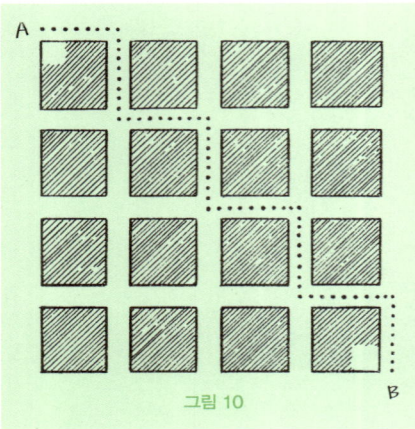

그림 10

그림 10과 같이 정확하게 정사각형으로 나눠진 집들이 있다. 점선으로 나타낸 것은 점 A에서 점 B까지 가는 길을 나타낸 것이다. 물론 이 길이 점 A에서 B까지 가는 유일한 방법은 아니다. 똑같은 길이의 길은 몇 가지 방법이 있을까?

풀이

A에서 B까지 갈 수 있는 방법은 총 70가지이다. 이 답은 대수학에서 나오는 '파스칼의 삼각형'을 알고 있으면 쉽게 알 수 있다. '파스칼의 삼각형'은 자연수를 삼각형 모양으로 배열한 것을 말한다. 약 천 년 전에 중국인에 의해 유럽으로 알려졌으나, 프랑스의 철학자이자 수학자인 파스칼이 여기서 흥미로운 성질을 많이 발견하였기 때문에 파스칼의 삼각형이라고 부르게 됐다. 만드는 방법은 아주 간단하다. 처음에 1을 쓰고, 그 다음 행은 위의 두 수를 합한 결과를, 그리고 끝에는 다시 1을 쓰면 된다. 이 과정을 계속 반복하면 파스칼의 삼각형을 얻을 수 있다.

그 모습은 다음과 같다.

```
1                               1
2                       1   2   1
3                   1   3   3   1
4               1   4   6   4   1
5           1   5  10  10   5   1
6       1   6  15  20  15   6   1
7   1   7  21  35  35  21   7   1
8  1  8  28  56  70  56  28   8   1
```

여기에서 우리가 위에서 이야기한 가로로 네 칸, 세로로 네 칸을 움직이는 경우는 위의 왼쪽 대각선으로 네 칸을 움직인 후 오른쪽 대각선으로 네 칸을 움직이면 된다. 이때 나오는 수가 70이고 이것이 길의 경우의 수이다.

18. 시계바늘의 각도

그림 11과 같이 시침과 분침이 놓여 있다. 두 바늘이 만들어낸 각도는 얼마일까? 각도기를 사용하지 말고 암산으로 계산해 보라.

풀이

바늘이 몇 시를 나타내는가를 안다면 이 문제는 아주 쉽다. 아래 그림 12에

그림 11 → 두 바늘의 각도는 얼마일까?

서 왼쪽의 시계는 정각 7시를 나타낸다. 즉 2개의 바늘의 각도는 전체 각도 즉 360도의 $\frac{5}{12}$ 가 된다. 그러므로 각도는 $360 \times \frac{5}{12} = 150$도이다.

오른쪽의 시계는 9시 30분을 나타낸다. 이것의 각도는 12개로 나눠진 각도가 $3\frac{1}{2}$개 있다. 또는 $\frac{7}{24}$ 이다. 그러므로 각도는 $360 \times \frac{7}{24} = 105$도가 된다.

그림 12

19. 여섯 줄로 만들기

24명으로 여섯 줄을 만들어라. 단 한 줄에 5명씩 들어가게 만들어야 한다.

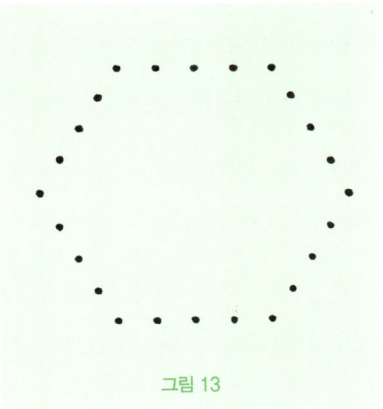

풀이

사람들을 그림 13과 같이 육각형의 모양으로 서게 하면 된다.

그림 13

20. 달걀과 오리 알

그림 14와 같이 바구니에 알들이 있다. 어떤 바구니에는 달걀이 어떤 바구니에는 오리 알이 있다. 그 개수는 바구니에 씌어 있는 수와 같다. 상인은 '이 바구니를 팔면 내가 가지고 있는 달걀이 오리 알보다 꼭 2배가 되겠군' 하고 생각했다. 어떤 바구니에 대해서 이야기한 것일까?

그림 14

풀 이

상인은 29라고 씌어있는 바구니를 가리킨 것이다. 23, 12, 5가 씌어 있는 바구니에는 달걀이 있으며 14, 6이 씌어 있는 바구니에는 오리 알이 있다. 정말 그런지 알아보자. 남은 달걀의 개수는 23+12+5=40이고 오리 알의 개수는 14+6=20이다. 즉, 달걀이 오리 알보다 2배 더 많다.

21. 아버지와 아들의 용돈

두 아버지가 각각 자신의 아들에게 용돈을 주었다. 한 사람은 자기 아들에게 150루블을 주고, 다른 아버지는 100루블을 주었다. 그런데 두 아들이 가지고 있는 돈은 150루블밖에 되지 않았다. 어떻게 된 것일까?

풀 이

아버지와 아들의 관계를 정확하게 파악하는 것이 이 문제를 푸는 열쇠이다. 여기 등장한 사람은 3명이지 4명이 아니다. 즉 할아버지, 아버지 그리고 나이다. 할아버지가 자기의 아들에게 150루블을 주었고 그 돈 중에서 100루블을 나에게 준 것이다. 그러니 아버지는 실제로 50루블 밖에 가지고 있지 않다.

22. 비행기의 고도

폭이 12m인 비행기가 착륙을 하려고 고도를 낮추고 있다. 사진기의 렌

즈에서 영상이 생기는 곳까지의 길이가 12cm 이다. 사진 속에서 비행기의 폭은 8mm였다. 사진에 찍혔을 때 비행기의 고도는 얼마일까?

풀 이

그림 15에서와 마찬가지로(각1과 각2는 서로 같다) 물체의 길이는 렌즈를 통해서 나오는 형상과 비례를 한다. 이 경우 비행기의 높이를 x 라고 하면 다음과 같은 비례식이 성립한다. 12,000:8=x:120 그러므로 x=180,000mm, 즉 x=180m이다.

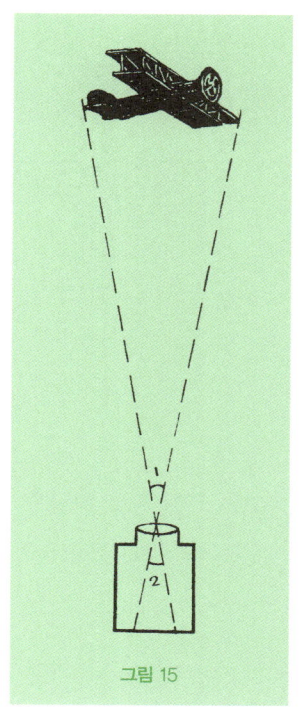

그림 15

23. 파시즘 표시의 변화

그림 16 → 정사각형을 만들어라

그림 16에서 여러분은 파시즘의 표시 고대에는 이 표시(만자 표시)가 다산, 태양, 번갯불 등의 상징이었다. 를 볼 수 있다. 칼로 2번 자른 뒤 그 조각을 모으면 파시스트들을 가둘 수 있는 정사각형의 수용소를 만들 수 있다. 어떻게 하면 되나?

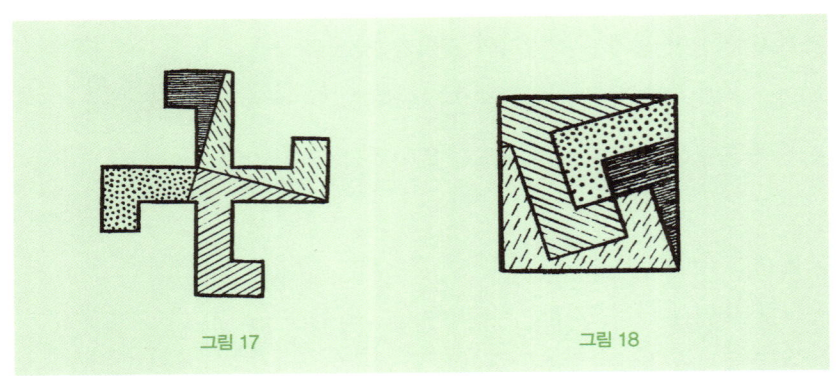

그림 17   그림 18

풀이

그림 17에 칼로 어떻게 자르면 되는지 나타나 있으며 그림 18에는 4개의 부분으로 나뉜 조각을 어떻게 조합하면 되는지 보여주고 있다.

24. 십자가와 반달

그림 19에는 2개의 현으로 구성된 반달 _{정확하게 이야기해서 이것은 반달이 아니라 초승달이다.} 이 있다. 이 반달의 면적과 똑같은 면적을 가지고 있는 십자가를 한번 그려보라.

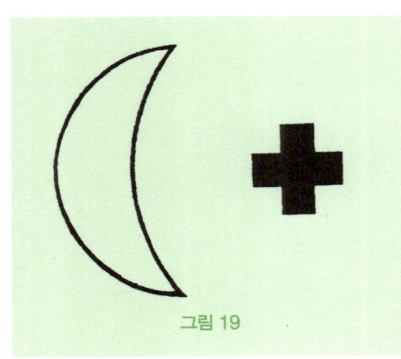

그림 19

풀이

만약 원의 면적을 구하지 못하는 독자라면 이 기하학 문제를 절대로 풀지 못한다. 그러한 대부분의 사람들은 두 개의 원호로 이루어진 반달이 정사각형으로 바뀔 수 있다는 것을 믿지 않는다.

하지만 이 문제는 우리가 많이 알고 있는 피타고라스의 정리를 이용해서 기하학으로 충분히 풀 수 있는 문제이다. 내가 말하는 것은 '직각 삼각형에서 직각을 이루는 두 변을 각각 지름으로 하는 두 반원의 면적의 합은 빗변을 지름으로 하는 반원의 면적과 같다'이다 (그림 20). 그러므로 큰 반원을 반대편으로 뒤집어 놓으면(그림21) 양쪽의 빗금 친 두 반달 모양의 넓이의 합이 삼각형의 넓이와 같다. 이 이론은 실제로 히포크라테스의 〈초승달의 정리〉의 내용을 응용한 것이다. 만약 삼각형을 직각 이등변 삼각형이라고 가정한다면 이 삼각형의 면적의 반이 각각의 초승달의 면적과 같다(그림 22).

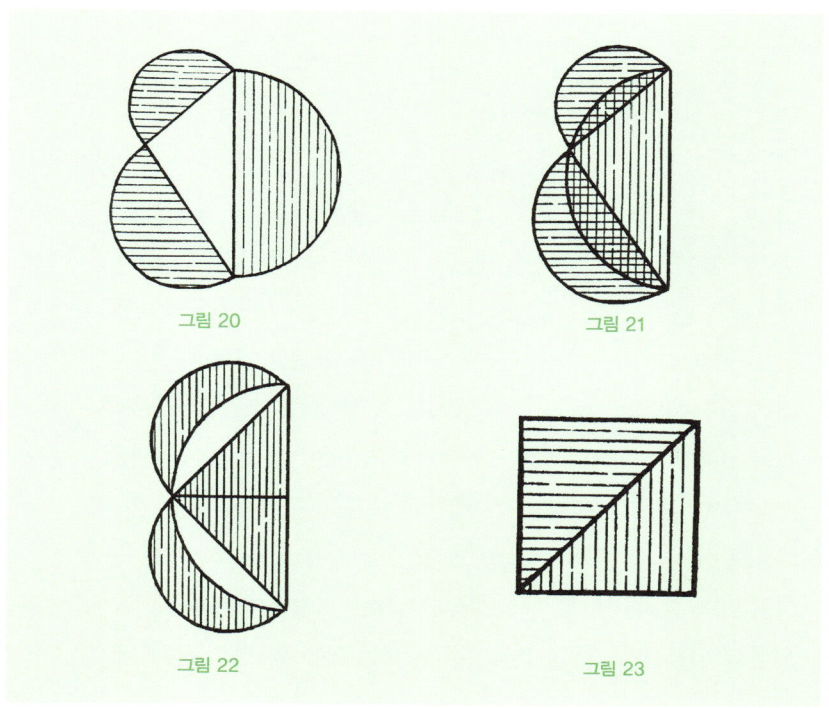

그림 20   그림 21

그림 22   그림 23

여기에서 초승달의 면적과 같은 직각 이등변 삼각형을 만들 수 있다는 것을 알 수 있다. 이 직각 이등변 삼각형을 가지고 정사각형을 만드는 것은 어렵지 않다(그림 23). 그러므로 초승달로 정사각형을 만드는 것은 충분히 가능하다.

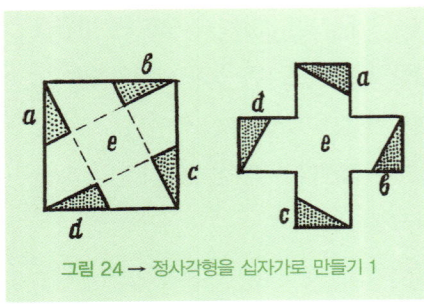

그림 24 → 정사각형을 십자가로 만들기 1

이제 이 정사각형으로 똑같은 면적의 십자가(면적이 같은 5개의 정사각형으로 이루어진 십자가)를 만드는 일이 남았다. 이것은 몇 가지 방법이 있다. 그 중의 2가지 방법이 그림 24와 25에 나와 있다.

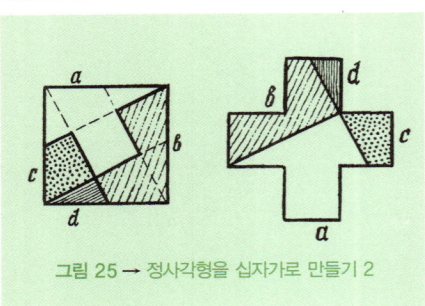

그림 25 → 정사각형을 십자가로 만들기 2

2가지 방법 모두 정사각형을 중심에 두고 그 위에 덧붙이는 형식으로 만들어졌다. 여기서 중요한 것은 이런 모양을 만들 수 있는 초승달 모양의 바깥 원호는

어떤 원의 원주의 $\frac{1}{2}$이며 안쪽 원호는 이 보다 큰 어떤 원의 원주의 $\frac{1}{4}$이어야 한다. 우리가 하늘에서 보는 초승달은 다른 모양을 가지고 있다. 바깥 원주는 반원이고 안의 원주는 타원형의 모양을 가지고 있다. 화가들은 두 개의 원호로 이루어진 달을 그리는 오류를 자주 범한다.

다음과 같이 하면 초승달의 면적과 같은 십자가를 만들 수 있다.

그림 26의 초승달의 점 A와 B를 연결하는 이등변 삼각형을 그린다. 점 A와 B를 연결하는 선분을 똑같이 나누는 점 O를 표시한다. 점 O에서 선분

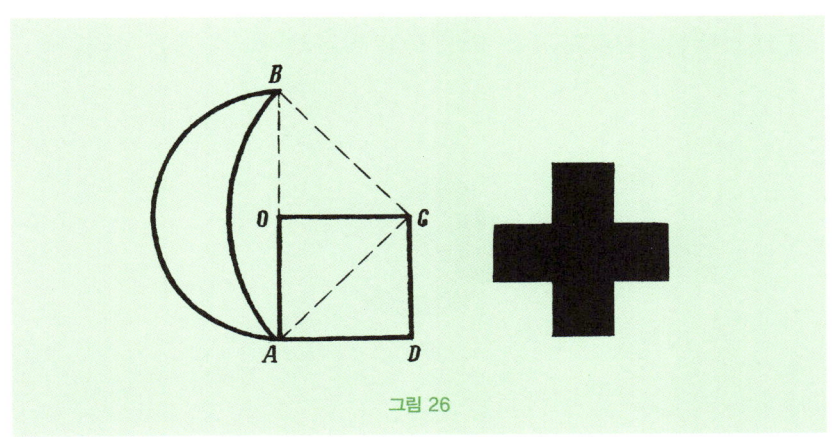

그림 26

AB와 직각이며, 선분 OA=OC가 되도록 점 C를 찍는다. 이렇게 되면 직각 삼각형 OAC가 나오고 이것은 정사각형 OADC를 만들 수 있게 한다. 이 정사각형으로 앞에서 보여준 그림 24와 25의 방법으로 십자가를 만들면 된다.

달의 분화구가 되어 우리 곁에 영원히 남은 야콥 페렐만

페렐만의 말년의 모습. 페렐만은 2차 세계 대전의 포화 속에서
먹을 게 없어서 굶어 죽어야만 했다.

이 책의 저자인 야콥 페렐만(1882년 11월 22일 ~ 1942년 3월 16일)은 1882년 현재의 벨라루시의 자그마한 도시인 베로스토크에서 태어났다. 아버지는 회계사였고, 어머니는 초등학교 선생님이었다. 하지만 아버지는 그가 태어난 다음 해인 1883년에 죽었고 홀어머니 밑에서 어렵게 살았다. 초등학교 선생님이었던 어머니의 영향을 많이 받아서 페렐만은 학문, 특히 과학에 많은 관심을 갖고 공부를 하였다.

페렐만은 17살 때인 1899년부터 잡지 등에 기고를 하면서 자신의 저술 활동을 시작하였다. 그는 당시에 만연해있던 '불의 비에 의해서 지구가 멸망한다' 는 예언이 근거 없는 것이고 별똥별이 지구에 떨어지는 것은 과거에도 그랬으며 현재에도 있는 현상으로 지구의 존재에 크게 문제를 일으키지 않을 것이라는 당시로는 뛰어난 과학적 분석이 담긴 〈불의 비를 기다리는 것에 대한 소고〉를 한 지방 신문에 발표하였다.

페렐만은 1901년 상트페테르부르크의 임학대학에 입학하였다. 이 임학대학에서 그는 수학과 물리학에 많은 관심을 갖고 꾸준하게 연구를 하면서 17년간 발행되었던 잡지《자연과 사람》에 500편의 글을 발표했다.

1903년 어머니가 죽고 페렐만의 대학 생활은 더욱 힘들어지기 시작했다. 이에 그는 저널리스트가 되기로 결심하고 잡지에 글을 기고하면서 어려운 생활을 원고료로 해결했다. 1909년 어렵게 대학을 졸업하고 임학자가 되었다. 하지만 그는 한번도 임업에 종사한 적이 없었다.

1913년 페렐만은 1908년부터 쓰기 시작한《교양 물리》의 제 1권을 발간했다. 센세이션을 일으키면서 베스트셀러가 된 이 책에 힘입어 그는 1916년《교양 물리 II》를 발간했다.

페렐만은 러시아 문학계에서 고골이 차지했던 위치를 과학계에서 차지하였다. 러시아 문학의 거장 도스토예프스키는 "우리는 모두 고골에서부터 나왔다"라고 이야기하였듯이 당시의 모든 과학자들은 "우리는 모두 페렐만에서부터 나왔다"라고 이야기할 정도로 페렐만의 교양 과학책들은 과학자들에게도 엄청난 반향을 일으켰다. 당시의 상트페테르부르크의 대학 교수이며 러시아 학술원 회원이었던 유명한 물리학자 흐볼손은《교양 물리》가 물리학자에 의해서 씌어진 것이 아니라 임학자에 의해서 씌어졌다는 것을 알고는 페렐만에게 "우리나라에 임학자는 많습니다. 하지만 이렇게 당신처럼 물리학에 대해서 쓸 줄 아는 사람은 어디에도 없을 뿐 아니라 물리학자들 사이에도 그런 사람은 없습니다. 정말로 부탁하건대 이런 류의 책을 계속 써주시기 바랍니다."라고 말하였다. 그리고 페렐만은 그 말에 따라 평생을 과학분야의 교양서를 쓰면서 살았다.

그는 1915년에 의사인 안나를 만나서 결혼을 하였다.

1916~1917년 사이에 그는 시간을 한 시간 앞으로 당김으로써 에너지

1927년에 발행된 교양 수학 책 표지 사진

를 절약하는 방안에 대한 연구 프로젝트에 참여하기도 하였다.

1917년 혁명이 있은 후 1918년부터 페렐만은 교육자의 길을 걷기 시작한다. 그는 물리학, 수학, 천문학 등의 교과서를 제작하는 데 참여하고 그 과목들을 가르쳤다. 이후 그는 잡지사 편집장을 하면서 많은 학자들과 만났고, 1,000편 이상의 글을 실었다.

페렐만은 1927년 교양 수학책을 발간하면서 물리 뿐만 아니라 수학, 역학, 천문학 등의 일련의 교양 과학책을 발간하였다.

페렐만은 1931~1933년까지 우박을 내리지 않게 하는 최초의 로켓 개발에 참여하였다. 과학의 전파자로서 페렐만은 1935년 교양 과학관을 레닌그라드(현 상트페테르스부르크)에 설립하였다. 현재 이곳은 모든 초·중·고등 학생들이 한번씩 꼭 들리는 명소가 되었다. 애석하게도 지금의 교양 과학관에는 그의 손에 의해서 만들어진 전시장이 2차 세계대전 때 다 타버리고 일부만 남아 있다.

교양과학관 - 1935년 10월 15일 개관한 교양 과학관의 재미있는 특징은 '눈으로만 보지 말고 손으로 확인하시오.' 등 다른 박물관에서는 상상도 못하는 행동을 할 수 있게 만들었다.

레닌그라드(상트페테르부

르그의 소련시대 명칭) 봉쇄기인 1942년 1월 아내인 안나가 죽고 같은 해 3월 16일에 페렐만은 기아로 목숨을 잃었다.

페렐만은 43년 동안의 창작 활동을 통해서 47권의 흥미 있는 과학책을, 40권의 교양 과학책을, 18권의 교과서를 만들었다.

최초로 받은 달의 이면 사진

1945년 전쟁은 끝이 났다. 그리고 1957년에는 첫 번째 인공위성이 발사되었고, 1959년에는 〈루나-3〉호에서 최초로 달의 이면 사진을 받았다. 그리고 그를 기리기 위해서 그 사진 속의 한 분화구의 명칭을 야콥 페렐만의 이름을 따서 '페렐만' 이라고 명명하였다.

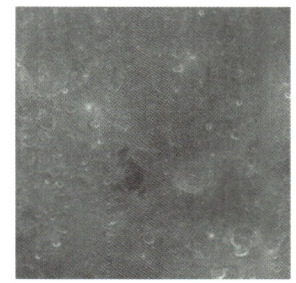

페렐만 분화구의 확대 모습, 달의 위도 24, 경도 254에 위치하고 있는 페렐만 분화구의 지름은 46km에 달한다

페렐만 이전에 많은 사람들이 교양으로서의 과학에 전념을 하였지만 페렐만이 그 연구의 정상에 우뚝 서 있다. 그렇기에 사람들은 그를 수학을 노래하는 가수, 물리학을 읊는 음유시인, 천문학의 시인, 우주 비행학의 전령사로 불렀다. 그의 책은 1913년 이후 러시아에서만 300회 이상 발간이 되었고 그 부수만도 천오백만 부에 달한다. 그의 책은 독일어, 프랑스어, 영어, 스페인어, 포르투갈어, 이탈리아어, 체코어, 불가리아어, 핀란드 어 등으로 번역이 되었다.

페렐만은 과학적인 발견도 새로운 기술도 발명하지 않았다. 그는 평생 자신을 과학자로 생각하지도 않았다. 하지만 그는 수십 년 동안 사람들에게 과학의 즐거움을 선사하고 있다.

| 2006년 7월 임 나탈리아 |

페렐만의 살아있는 수학

초판 1쇄 : 2006년 7월 24일 발행
    11쇄 : 2017년 1월 23일 발행
지은이 : 야콥 페렐만
옮긴이 : 임 나탈리아
삽 화 : A. L. 본다렌코
펴낸곳 : 도서출판 써네스트
펴낸이 : 강완구
출판등록 : 2005년 7월 13일 제 313-2005-000149호
주 소 : 서울시 마포구 양화로 156, 925호
전 화 : 02-332-9384
팩 스 : 0303-0006-9384
이메일 : sunestbooks@yahoo.co.kr
값 10,000원
ISBN 978-89-91958-02-9 03410

이 책은 신저작권법에 따라 보호받는 저작물이므로 무단 전재와 복제를 금하며, 내용의 전부 또는 일부를 재사용하려면 반드시 저작권자와 도서출판 써네스트 양측의 동의를 받아야 합니다.
정성을 다해 만들었습니다만, 간혹 잘못된 책이 있습니다. 연락주시면 바꾸어 드리겠습니다.